高等职业院校"双高计划"建设教材
"十四五"高等职业教育计算机应用技术系列教材

AutoCAD辅助设计项目教程

马延霞 杨 淳◎主 编
常 红◎副主编

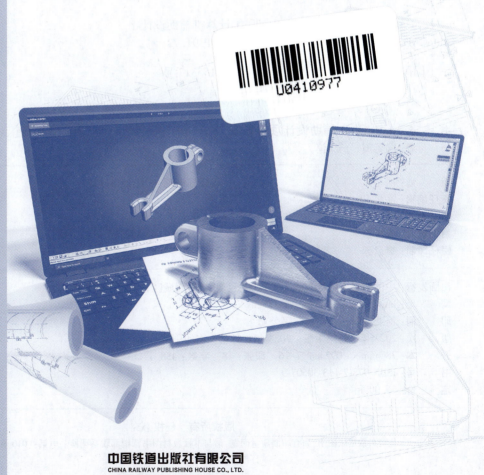

中国铁道出版社有限公司
CHINA RAILWAY PUBLISHING HOUSE CO., LTD.

内 容 简 介

本书系统地介绍了 AutoCAD 2010 中文版的使用方法和技巧，培养高职学生利用 AutoCAD 在工程制图方面的绘图技能，提高解决实际问题的能力。

本书遵循 OBE+DPBL 教学改革理念，采用项目任务式，以"基础—提高—巩固应用—实例应用拓展"为主线，以任务驱动为体例进行编写。全书共分 13 个项目，主要内容包括初识 AutoCAD 2010，AutoCAD 2010 绘图基础，绘制简单二维图形，二维图形的编辑，绘制复杂二维图形，绘制复杂的平面图形，文字与表格，尺寸标注，图块、外部参照及设计工具，打印图形，三维建模，观察与渲染三维图形等内容，在最后还安排了综合练习实例，用于提高和拓宽读者对 AutoCAD 2010 操作的掌握与应用。

本书图文并茂，条理清晰，通俗易懂，适合作为高职院校机械设计制造及其自动化专业和计算机应用技术专业学生的教材，也适合作为相关从业人员的培训教材。

图书在版编目（CIP）数据

AutoCAD 辅助设计项目教程/马延霞,杨淳主编.—北京：中国铁道出版社有限公司,2023.9

"十四五"高等职业教育计算机应用技术系列教材　高等职业院校"双高计划"建设教材

ISBN 978-7-113-30507-9

Ⅰ.①A… Ⅱ.①马…②杨… Ⅲ.①计算机辅助设计-AutoCAD 软件-高等职业教育-教材　Ⅳ.①TP391.72

中国国家版本馆 CIP 数据核字（2023）第 155317 号

书　　名：	AutoCAD 辅助设计项目教程
作　　者：	马延霞　杨　淳
策　　划：	潘星泉
责任编辑：	潘星泉　包　宁
封面设计：	刘　颖
责任校对：	安海燕
责任印制：	樊启鹏

编辑部电话：(010)51873371

出版发行：中国铁道出版社有限公司（100054，北京市西城区右安门西街8号）
网　　址：http://www.tdpress.com/51eds/
印　　刷：河北宝昌佳彩印刷有限公司
版　　次：2023 年 9 月第 1 版　2023 年 9 月第 1 次印刷
开　　本：787 mm×1 092 mm　1/16　印张：18　字数：438 千
书　　号：ISBN 978-7-113-30507-9
定　　价：56.00 元

版权所有　侵权必究

凡购买铁道版图书，如有印制质量问题，请与本社教材图书营销部联系调换。电话：(010)63550836
打击盗版举报电话：(010)63549461

前　言

AutoCAD 是 Autodesk 公司开发的面向大众的计算机辅助绘图软件，也是当今较优秀、较流行的工程绘图软件之一。目前，AutoCAD 主要被应用于建筑与室内装饰设计、机械设计、模具设计等领域。

近年来，随着我国社会经济的迅猛发展，市场上急需一大批懂技术、懂设计、懂软件、会操作的应用型高技能人才。本书就是基于目前社会上对 AutoCAD 应用人才的需求和各高职院校开设相关课程的教学需求而编写的。

本书遵循 OBE＋DPBL 教学改革理念，采用项目任务式，以"基础—提高—巩固应用—实例应用拓展"为主线，以任务驱动为体例进行编写，图文并茂，条理清晰，通俗易懂，内容丰富，在讲解每个项目时都配有相应的实例，以方便读者上机实践。同时在难以理解和掌握的部分内容上给出相关提示，让读者快速地提高操作技能。此外，本书配有大量综合实例和练习，让读者在不断的实际操作中牢固地掌握书中讲解的内容。本书具有很强的实用性和可操作性，是一本适合于高等职业院校及相关技能学习人员的教材。

本书参考学时为 64 学时，各项目的学时参见下面的学时分配表。

项目名称	课程内容	学时	
		理论	实践
项目一	初识 AutoCAD 2010	1	1
项目二	AutoCAD 2010 绘图基础	2	2
项目三	绘制简单二维图形	4	6
项目四	二维图形的编辑	4	6
项目五	绘制复杂二维图形	2	4
项目六	绘制复杂的平面图形	2	4
项目七	文字与表格	2	2
项目八	尺寸标注	1	2
项目九	图块、外部参照及设计工具	1	2
项目十	打印图形	1	1
项目十一	三维建模	2	6
项目十二	观察与渲染三维图形	2	4
项目十三	综合练习实例	0	0
总学时		24	40

本书由马延霞、杨淳任主编,常红任副主编,申鸿、王丽欣参与编写。具体编写情况:项目一、项目二、项目三由马延霞编写,项目四、项目五、项目六和项目十三由杨淳编写,项目七、项目八由申鸿编写,项目九、项目十由王丽欣编写,项目十一、项目十二由常红编写。

由于编者水平有限,书中难免有不妥之处,敬请读者批评批正。

编　者
2023 年 6 月

目　　录

项目一　初识 AutoCAD 2010 ··· 1
　项目说明 ·· 1
　项目准备 ·· 1
　　任务一　运行 AutoCAD 2010 ··· 6
　　任务二　了解 AutoCAD 2010 界面 ··· 7
　　任务三　文件的基本操作 ·· 10
　项目总结 ··· 13
　项目实训 ··· 13
　项目拓展 ··· 13

项目二　AutoCAD 2010 绘图基础 ··· 14
　项目说明 ··· 14
　项目准备 ··· 14
　　任务一　设置图形单位和界限 ·· 16
　　任务二　AutoCAD 命令的基本调用方法 ······································ 16
　　任务三　显示设置 ·· 18
　　任务四　使用绘图辅助工具 ··· 20
　　任务五　图层管理 ·· 29
　项目总结 ··· 43
　项目实训 ··· 43
　项目拓展 ··· 45

项目三　绘制简单二维图形 ··· 46
　项目说明 ··· 46
　项目准备 ··· 46
　　任务一　绘制点 ··· 47
　　任务二　绘制直线 ·· 49
　　任务三　绘制射线和构造线 ··· 50
　　任务四　绘制圆 ··· 55
　　任务五　绘制圆弧 ·· 58
　　任务六　绘制矩形 ·· 63
　　任务七　绘制正多边形 ·· 64

任务八　绘制椭圆和椭圆弧 ··· 67
　项目总结 ··· 70
　项目实训 ··· 71
　项目拓展 ··· 72

项目四　二维图形的编辑 ·· 75
　项目说明 ··· 75
　项目准备 ··· 75
　　　任务一　复制对象 ··· 76
　　　任务二　旋转对象 ··· 82
　　　任务三　打断对象 ··· 83
　　　任务四　合并对象 ··· 84
　　　任务五　倒角对象 ··· 85
　　　任务六　分解对象 ··· 87
　项目总结 ··· 88
　项目实训 ··· 88
　项目拓展 ··· 91

项目五　绘制复杂二维图形 ·· 94
　项目说明 ··· 94
　项目准备 ··· 94
　　　任务一　绘制圆环 ··· 94
　　　任务二　绘制与编辑多线 ··· 95
　　　任务三　绘制与编辑多段线 ·· 103
　　　任务四　绘制与编辑样条曲线 ··· 106
　项目总结 ··· 108
　项目实训 ··· 108
　项目拓展 ··· 113

项目六　绘制复杂的平面图形 ·· 115
　项目说明 ··· 115
　项目准备 ··· 115
　　　任务一　面域的布尔运算 ·· 117
　　　任务二　获取面域质量特性 ··· 119
　　　任务三　图案填充 ·· 121
　　　任务四　创建二维填充 ·· 125
　项目总结 ··· 126
　项目实训 ··· 126
　项目拓展 ··· 128

项目七　文字与表格 130
项目说明 130
项目准备 130
任务一　创建与编辑单行文字 132
任务二　创建和编辑多行文字 136
任务三　创建表格样式和表格 139
项目总结 142
项目实训 142
项目拓展 144

项目八　尺寸标注 146
项目说明 146
项目准备 146
任务一　创建与设计标注样式 147
任务二　长度型尺寸标注 154
任务三　半径、直径和圆心标注 159
任务四　角度标注与其他类型的标注 161
任务五　形位公差标注 163
任务六　编辑标注样式 164
项目总结 165
项目实训 165
项目拓展 167

项目九　图块、外部参照及设计工具 169
项目说明 169
项目准备 169
任务一　应用图块 169
任务二　插入外部参照图形 177
任务三　使用 AutoCAD 设计中心 180
任务四　工具选项板 185
项目总结 186
项目实训 186
项目拓展 190

项目十　打印图形 192
项目说明 192
项目准备 192
任务一　设置打印参数 192
任务二　设定着色打印 203

任务三　将多张图纸布置在一起打印 ················ 206
　项目总结 ················ 208
　项目实训 ················ 208
　项目拓展 ················ 209

项目十一　三维建模 ················ 211
　项目说明 ················ 211
　项目准备 ················ 211
　　任务一　绘制三维点和线 ················ 214
　　任务二　绘制三维曲面 ················ 218
　　任务三　绘制基本实体 ················ 223
　　任务四　通过二维图形创建三维图形 ················ 229
　　任务五　三维操作 ················ 237
　项目总结 ················ 244
　项目实训 ················ 244
　项目拓展 ················ 249

项目十二　观察与渲染三维图形 ················ 253
　项目说明 ················ 253
　项目准备 ················ 253
　　任务一　使用三维动态器观察对象 ················ 253
　　任务二　使用相机定义三维视图 ················ 254
　　任务三　漫游和飞行 ················ 258
　　任务四　渲染对象 ················ 260
　项目总结 ················ 265
　项目实训 ················ 265
　项目拓展 ················ 272

项目十三　综合练习实例 ················ 273

参考文献 ················ 280

项目一 初识 AutoCAD 2010

通过学习本项目,你将了解到:
(1) AutoCAD 2010 的基本功能、新增功能、经典界面组成和文件管理命令操作。
(2) 图形文件的创建、打开、保存和关闭等方法以及如何选择图中部件等内容。

项目说明

AutoCAD 自 1982 年问世以来,每一次升级,在其功能上都得到了增强,且日趋完善。目前,它已成为工程设计领域中应用最为广泛的计算机辅助设计软件之一。与传统的手工绘图相比,AutoCAD 具有绘图速度快、精度高等特点,广泛应用于航天、电子、建筑和机械等众多领域。

本项目主要介绍 AutoCAD 2010 的基本功能、新增功能、经典界面组成和文件管理命令操作,图形文件的创建、打开、保存和关闭等方法以及如何选择图中部件等内容,意在为以后的学习打下基础。

项目准备

AutoCAD 2010 的基本功能、新增功能、经典界面组成和文件管理命令。

1. AutoCAD 的发展

近几十年来,计算机辅助设计技术(CAD 技术)得到了飞速发展,其应用领域也日益扩大,甚至有取代传统的手工设计和手工绘图之势。就传统的手工设计和手工绘图而言,其设计工期较长,计算工作量大,效率较低,并且容易出差错;而使用 CAD 技术,则可以很方便地绘制和编辑图形,可以为图形建立准确的尺寸标注及相关数据库,可以逼真地建立产品三维模型等,从某种意义上来讲,CAD 技术改变了传统的设计方法,使设计水平提升到一个崭新的高度。例如,使用 CAD 技术可以大大降低设计人员的劳动强度,并提高其设计效率和设计质量。

AutoCAD(Automatic Computer Aided Design)是一款值得推荐的计算机辅助设计软件,它是由 Autodesk 公司开发的。经过几十年的不断发展,AutoCAD 已经从功能相对单一发展成集二维设计、三维设计、渲染显示、数据管理、互联网通信、二次开发等功能于一体的通用计算机辅助设计软件,具有性能稳定、功能强大、兼容及扩展性好、易学易用、操作方便等优点,在机械、建筑、电气工程、石油化工、航空航天、服装设计、模具制造、广告制作、工业设计、土木工程等领域应用广泛。

在很多行业的招聘条件中,掌握 AutoCAD 应用技术成了某些岗位工程师或技术人员的一项基本要求。这些岗位的工程师或技术人员需要掌握使用 AutoCAD 绘制相关的工程图、效果图等。例如,绘制二维形式的机械零件图、装配图,绘制二维建筑工程图,绘制具有空间概念的建筑物三维模型效果图,绘制一目了然的电气工程图等。

2. AutoCAD 的基本功能

AutoCAD 的基本功能主要包括以下几方面,这些功能在后续章节中结合具体实例进行详细介绍。

- 绘制与编辑图形。
- 标注图形尺寸。
- 渲染三维图形。
- 控制图形显示。
- 绘图实用工具。
- 数据库管理功能。
- Internet 功能。
- 输出与打印图形。

3. AutoCAD 2010 中文版的新功能

经过多年的发展与改进,AutoCAD 不仅具有强大的绘图、编辑、图案填充、尺寸标注、三维造型、渲染和出图等功能,而且还为用户提供了 AutoLISP(Visual LISP)、VBA、ObjectARX 等二次开发手段,使设计者在 AutoCAD 的基础上可以根据任务需求量身定制特定的 CAD 系统。在设计制图的过程中,AutoCAD 2010 可以提供包括创建、展示、记录和共享构想等所需的所有功能。AutoCAD 2010 新增的功能主要体现在工作空间界面以及操作细节功能方面的改变。使用 AutoCAD 2010 可以帮助设计者更快地创建设计数据、更轻松地共享设计数据、更有效地管理和使用软件。下面简单介绍一下 AutoCAD 2010 中的几个新功能。

1) 全新的工作界面

AutoCAD 2010 较之 AutoCAD 2008 等之前的版本在工作界面上有较大的改变,二者的工具界面分别如图 1.1 和图 1.2 所示。

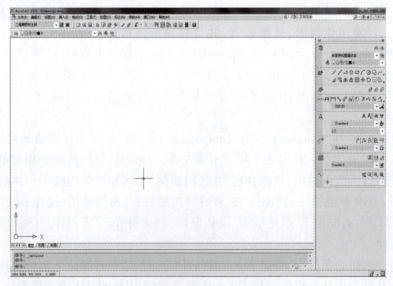

图 1.1　AutoCAD 2008 工作界面

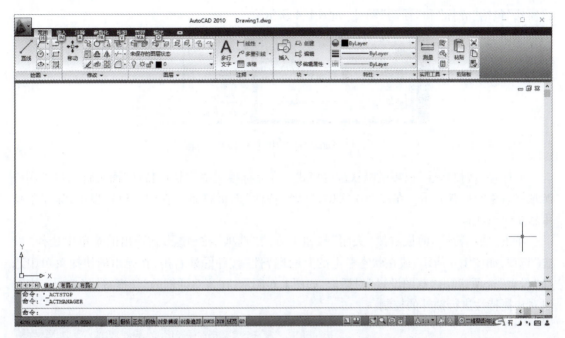

图 1.2　AutoCAD 2010 工作界面

AutoCAD 2010 的工作界面新增了菜单浏览器按钮、快速访问工具栏、"功能区"选项板,以及状态栏上新增的"快捷特性""快速查看布局""快速查看图形"等按钮。

2）快捷特性

AutoCAD 2010 中新增的快捷特性工具可以直接用来查看和修改对象属性,而不用求助于特性面板。"快捷特性"面板中显示了每种对象类型的常用特性,从而使其更易于查找和访问。使用"快捷特性"面板,用户可以为一个选定对象或一个选择集中的所有对象编辑特性。

单击状态栏中的"快捷特性"按钮▦,使其处于打开状态,选中对象后即可在弹出的"快捷特性"面板中直接查看和修改该对象的属性,如图 1.3 所示。

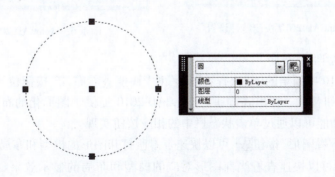

图 1.3　AutoCAD 2010"快捷特性"面板

单击"快捷特性"面板右侧"关闭"按钮下方的"选项"按钮▦,弹出快捷菜单。其中:"位置模式"包括"光标"和"浮动"两种,如图1.4所示。

图1.4　AutoCAD 2010"位置模式"面板

　　光标是"快捷特性"面板的默认位置模式。在光标模式中,"快捷特性"面板将相对于用户所选择对象的位置显示。在浮动模式中,"快捷特性"面板将始终在同一位置显示,除非手动重新定位该面板。

　　单击"快捷特性"面板右侧"关闭"按钮下方的"选项"按钮，在弹出的菜单中选择"设置"选项,如图1.5所示;或在状态栏上的"快捷特性"按钮处右击,在弹出的快捷菜单中选择"设置"选项,弹出"草图设置"对话框,如图1.6所示,在该对话框的"快捷特性"选项卡中可以对快捷特性进行额外的控制。

图1.5　AutoCAD 2010 快捷特性设置

图1.6　AutoCAD 2010 草图设置

3)快速查看图形与布局

　　AutoCAD 2010中新增的"快速查看图形"种"快速查看布局"按钮位于状态栏的右侧,并将其查看布局按钮替代了弹出式按钮。AutoCAD 2010提供了图形化的布局与打开图形的预览设置,这两个功能可以通过单击状态栏中的相应按钮实现。

　　单击"快速查看图形"按钮，可以快速查看所打开图形的模型和布局预览;单击"快速查看布局"按钮，可以快速查看当前图形对应的模型和布局的显示效果。单击"快速查看图形"和"快速查看布局"按钮后其效果分别如图1.7和图1.8所示。

项目一 初识AutoCAD 2010

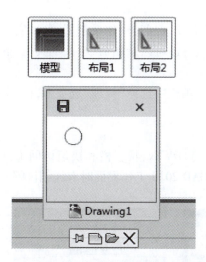

图1.7　AutoCAD 2010"快速查看图形"按钮　　图1.8　AutoCAD 2010"快速查看布局"按钮

4）菜单浏览器

"菜单浏览器"按钮位于界面左上角，单击该按钮，将弹出AutoCAD菜单，如图1.9所示。该菜单中包含AutoCAD 2010图形文件基本操作的全部命令，用户选择选项后即可执行。

在"菜单浏览器"中可以查看打开文件的列表，还可以查看最近使用过的文档，也可对这些文档按访问日期、大小、类型等方式进行排序，如图1.10所示。

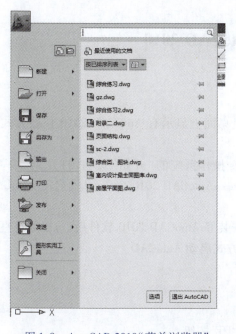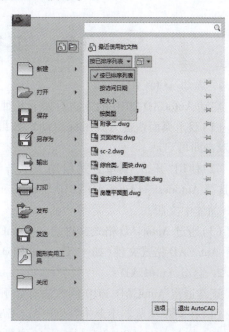

图1.9　AutoCAD 2010"菜单浏览器"　　　　图1.10　AutoCAD 2010"打开的文档"选项

提示：单击图钉图标可以使某文件一直显示在列表中，而不考虑后来保存的文件。该文件将始终显示在最近使用的文档列表的底部，直到再次单击图钉按钮将其关闭。

5）动作录制器

AutoCAD 2010 新增的动作录制器主要是指录制动作宏。通过动作录制器,可以实现创建动作宏、插入用户输入请求、插入用户消息和播放动作宏;还可以录制命令行、工具栏、下拉菜单、属性窗口、层属性管理器及工具面板等。

使用动作录制器的方法有如下两种:在"功能区"选项板中选择"管理"选项卡,在"动作记录器"面板中单击"录制"按钮,如图 1.11 所示。

6）其他新功能

AutoCAD 2010 中还新增了信息中心、指定地理环境、DWFx、状态栏和快速访问工具栏等功能,状态栏和快速访问工具栏等新功能在介绍 AutoCAD 2010 工作界面时有详细讲解。

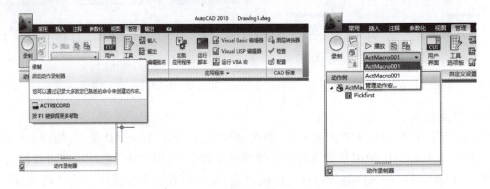

图 1.11　AutoCAD 2010"动作记录器"

任务一　运行 AutoCAD 2010

1. 启动 AutoCAD

启动 AutoCAD 2010 的方法有如下几种:

(1)双击桌面快捷方式图标启动。如果计算机桌面上显示有 AutoCAD 2010 快捷方式图标,双击即可启动。

(2)使用"开始"菜单方式启动。单击 Windows 操作系统的"开始"按钮,打开"开始"菜单,选择 Autodesk→AutoCAD 2010 Simplified Chinese→AutoCAD 2010 命令,从而启动 AutoCAD 2010 简体中文版。

(3)通过 AutoCAD 格式文件启动 AutoCAD。安装好 AutoCAD 2010 软件后,可以通过直接打开 AutoCAD 格式文件(如 *.Dwg、*.dwt 等)的方式启动 AutoCAD。

2. 退出 AutoCAD

正常退出 AutoCAD 2010 的方法有如下几种:

(1)在菜单浏览器中单击"退出 AutoCAD"按钮。

(2)在 AutoCAD 2010 窗口右上角位置单击"关闭"按钮。

(3)按【Ctrl+Q】组合键。

(4)按下【Alt+F4】组合键。

(5)在命令行中输入 QUIT 或 EXIT 命令。

任务二 了解 AutoCAD 2010 界面

启动 AutoCAD 2010 后,以"二维草绘与注释"工作空间为例,其界面如图 1.12 所示。"二维草绘与注释"工作空间的窗口界面主要由标题栏、菜单浏览器、工具栏、绘图区域、命令窗口、状态栏和相关的选项板等组成。其中,将绘图区域上方的区域统称为功能区。下面介绍 AutoCAD 2010 界面的主要组成。

1. 了解标题栏

标题栏位于 AutoCAD 2010 窗口界面的最上方。在标题栏中除了显示当前软件名称,还可显示新建的或打开的文件的名称等。

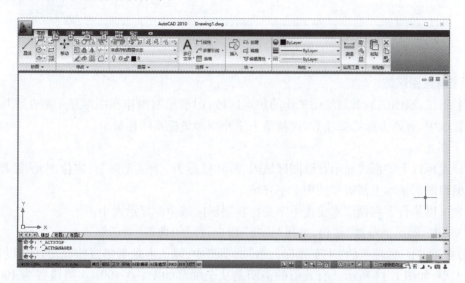

图 1.12 AutoCAD 2010 的"二维草绘与注释"工作空间界面

2. 了解菜单浏览器

在 AutoCAD 工作界面的左上角单击 按钮,将打开菜单浏览器,其中包含"新建""打开""保存""另存为""输出""打印""发布""发送""图形实用工具""关闭"等菜单。每个菜单都包含有一级或多级子菜单。在各菜单中,注意如下几点:

(1)若命令呈灰色(暗淡颜色)显示,则该命令处于暂时不可用的状态。

(2)若某个命令后面有"…"符号,则表示选择该命令后会弹出一个对话框。

(3)若某个命令后面有 符号,则表示选择该命令将会展开其子菜单。

3. 掌握工具栏

AutoCAD 2010 提供了很多实用的工具栏,上面集中了快捷方式的按钮工具。当将鼠标或定点设备移到工具栏按钮上时,工具栏提示将显示该按钮的名称。

用户可以显示或隐藏工具栏,并将所做选择另存为一个工作空间。工具栏可以以浮动的方式显示,也可以以固定的方式显示。浮动工具栏可以显示在绘图区域的任意位置,可将浮动工具栏拖动至新位置、调整其大小或将其固定。而固定工具栏则附着在绘图区域的任意边上,固定在绘图区域上边界的工具栏位于功能区下方。

设置好工具栏后,可以右击任意一个工具栏,在弹出的快捷菜单中选择"锁定位置"→"全部"→"锁定"命令,从而将所有工具栏的位置锁定。当然,用户可以使用该快捷菜单的"锁定位置"子菜单中的相关命令锁定浮动工具栏/面板、固定工具栏/面板等。

4. 了解功能区

功能区由许多面板组成,这些面板被组织到依任务进行标记的选项卡中,如"常用"选项卡、"插入"选项卡、"注释"选项卡、"参数化"选项卡、"视图"选项卡、"管理"选项卡和"输出"选项卡,如图1.13所示。功能区面板包含的很多工具和控件与工具栏和对话框中的相同。

图1.13 AutoCAD 2010 功能区

5. 了解绘图区域

顾名思义,绘图区域就是绘图工作的焦点区域,图形绘制操作和图形显示都在该区域内。在绘图区域中,有两方面需要注意,这就是十字光标和坐标系图标显示。

1)十字光标

鼠标光标以十字形式显示在绘图区域内,故其被称为"十字光标"。定位图元、选择对象、绘制及编辑图形基本上都需要使用十字光标。

用户可以执行下列操作来设置十字光标在图形区域中的显示大小:

(1)单击"菜单浏览器"按钮,选择"选项"命令,打开"选项"对话框。

(2)在"显示"选项卡的"十字光标大小"选项组中,输入有效数值或拖动滑块来设置十字光标的大小,如图1.14所示。有效值的范围是从全屏幕的1%到100%。当设置为100%时,将看不到十字光标的末端;其默认尺寸为5%。

(3)在"选项"对话框中单击"确定"按钮。

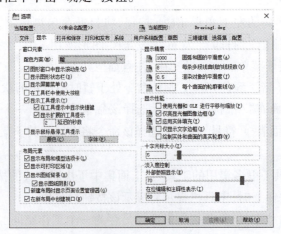

图1.14 设置十字光标的显示大小

2）坐标系图标简介

默认时在二维空间的绘图区域左下角显示着如图 1.15 所示的坐标系图标。

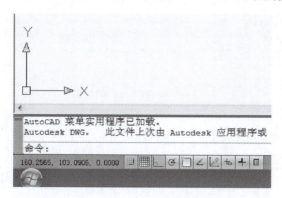

图 1.15　坐标系图标显示

在 AutoCAD 2010 系统中，用户需要了解世界坐标系（world coordinate system，WCS）和用户坐标系（user coordinate system，UCS）。WCS 是固定坐标系，而 UCS 是可移动坐标系。通常在二维视图中，WCS 的 x 轴为水平方向，y 轴为垂直方向，WCS 的原点为 x 轴和 y 轴的交点（0，0）。在设计时，图形文件中的所有对象均可由其 WCS 坐标定义，然而在很多时候使用可移动的 UCS 创建和编辑对象更方便。

6. 了解命令窗口

AutoCAD 命令窗口如图 1.16 所示，在命令窗口的命令行中可以输入命令或系统变量等进行绘图操作或者其他设置。当在菜单浏览器或工具栏中选择工具命令执行相关操作时，在命令窗口中也会显示命令提示和命令记录。初学者应该多注意命令行的提示，以便于了解相关命令的执行情况。

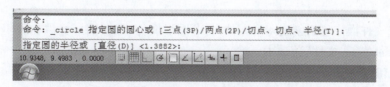

图 1.16　命令窗口

如果按【F2】键，弹出图 1.17 所示的 AutoCAD 文本窗口。在该文本窗口中，除了可以很方便地查看历史记录、输入命令或系统变量等进行绘图操作之外，还可以执行其"编辑"菜单中的命令对命令记录进行复制、粘贴等处理。若再次按【F2】键，则可将该 AutoCAD 文本窗口隐藏。

用户可以在文本窗口中查看当前图形的全部历史命令。要浏览命令文字，可以使用窗口滚动条或命令行窗口浏览键（如【Page Up】、【Page Down】、【Home】和【End】等）实现。

文本窗口中的内容是只读的，但是可以将命令窗口中的文字（或其他来源的文字）复制粘贴到命令行中，这样也可以重复前面的操作或重新输入前面输入过的值。此外，在文本窗口的底部也有一个命令行，可以输入命令。

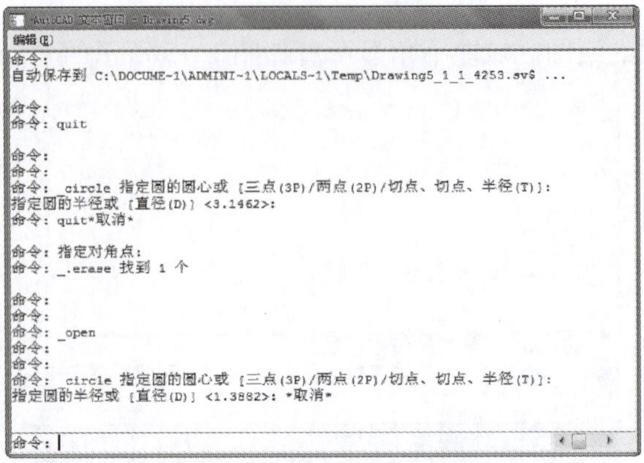

图 1.17　AutoCAD 文本窗口

7. 了解状态栏

状态栏包括应用程序状态栏和图形状态栏,它们提供了有关打开和关闭图形工具的有用信息和按钮。其中,应用程序状态栏可显示光标的坐标值、绘图工具、导航工具以及用于快速查看和注释、缩放工具,如图 1.18 所示。

坐标值　　　　绘图工具　　　布局　　导航　　　　　　注释工具

图 1.18　应用程序状态栏

任务三　文件的基本操作

AutoCAD 文件操作包括创建图形文件、打开图形文件、保存图形文件和关闭图形文件等,这些操作命令都位于"文件"菜单中。

1. 创建新图形文件

在初始默认情况下,单击"标准"工具栏中的 ▯（新建）按钮,或者从菜单浏览器中选择"新建"命令,弹出图 1.19 所示的"选择样板"对话框;利用该对话框查找并选择所需要的样板文件,例如选择 acadiso.dwt,单击"打开"按钮,即可创建一个新图形文件。如果在"选择样板"对话框中,单击"打开"按钮右侧的 ▾ 按钮,则可以选择"无样板打开-英制"或"无样板打开-公制"选项创建文件,如图 1.20 所示。

另外,在命令窗口的命令行提示下,输入 NEW 或 QNEW 命令,也可以执行创建新图形文件的操作。

2. 打开图形文件

在 AutoCAD 中,可以执行如下任一命令操作打开图形文件：

(1) 在"标准"工具栏中单击 ▯（打开）按钮。

(2) 在菜单浏览器中选择"打开"命令。

项目一　初识AutoCAD 2010

图1.19　"选择样板"对话框

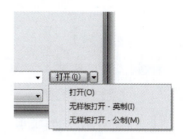

图1.20　无样板打开放式

（3）在命令窗口的命令行提示下，输入 OPEN 命令。
（4）按【Ctrl+O】组合键。

执行上述任一操作之后，弹出图1.21所示的"选择文件"对话框，通过浏览并选择需要的图形文件，然后单击"打开"按钮，从而打开所选图形文件。

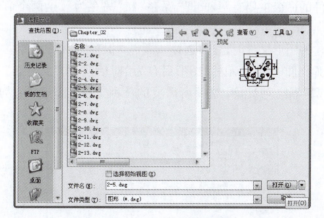

图1.21　"选择文件"对话框

如果在"选择文件"对话框中单击位于"打开"按钮右侧的 ▼（下三角形）按钮，将打开图1.22所示的下拉菜单，从中可以选择打开方式选项。下面介绍"以只读方式打开"选项、"局部打开"选项和"以只读方式局部打开"选项的功能含义。

（1）"以只读方式打开"：以只读模式打开一个文件。用户不能用原始文件名保存对文件的修改。

（2）"局部打开"：选择此选项，弹出图1.23所示的"局部打开"对话框，从中可以设置要加载几何图形的特定视图和图层。

（3）"以只读方式局部打开"：以只读模式打开指定的图形部分。

此外，还可以通过下列方式打开图形：

（1）直接在 Windows 资源管理器中双击图形文件。

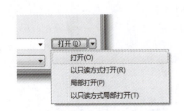

图1.22　选择打开方式选项

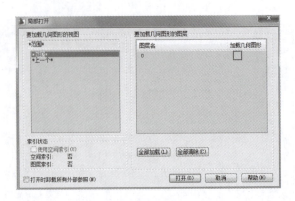

图1.23　"局部打开"对话框

（2）将图形从Windows资源管理器拖动到AutoCAD中。
（3）使用设计中心打开图形。
（4）使用图纸集管理器可以在图纸集中找到并打开图形。

3. 保存图形文件

在实际设计工作中，要养成及时保存图形文件的习惯，以避免因意外死机而造成图形文件丢失。保存图形文件的命令主要有两种，即"保存"和"另存为"，这两个命令位于菜单浏览器的"文件"菜单中。

第一次保存新建的图形文件时，可以选择 → "保存"命令，或者在"标准"工具栏中单击 （保存）按钮，弹出图1.24所示的"图形另存为"对话框，在"文件名"下拉列表框中输入文件名，在"文件类型"下拉列表框中选择所需要的一种文件类型选项，然后单击对话框中的"保存"按钮。

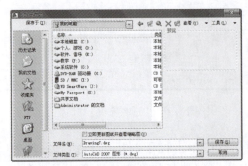

图1.24　"图形另存为"对话框

AutoCAD 2010默认保存的文件类型是"AutoCAD 2007图形（*.dwg）"，此外还可以将图形文件保存为*.dws、*.dwt和*.dxf等文件类型，为了让低版本的AutoCAD软件能够打开图形文件，可以将图形保存为图形格式（*.dwg）或图形交换格式（*.dxf）的早期版本，如图1.25所示。

4. 关闭当前的图形文件

可以采用下列方法在不退出（关闭）AutoCAD软件的情况下关闭当前图形文件：
（1）在菜单浏览器的"文件"菜单中选择"关闭"命令。

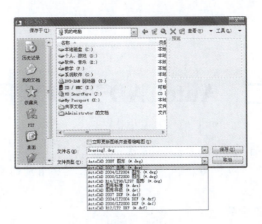

图 1.25　选择文件类型选项

（2）在菜单浏览器的"窗口"菜单中选择"关闭"命令。

（3）在命令窗口的命令行中输入 CLOSE 命令。

如果要一次关闭多个已打开的图形文件,那么可以在菜单浏览器的"窗口"菜单中选择"全部关闭"命令。

倘若用户在关闭文件之前修改了当前图形的内容,但尚未对其进行保存,那么执行关闭操作时,系统将询问用户是否保存改动,单击"是"按钮,则保存并关闭文件;单击"否"按钮,则不保存并关闭文件;单击"取消"按钮,则取消关闭文件操作。

项目总结

本项目主要介绍 AutoCAD 2010 的基本功能、新增功能、经典界面组成和文件管理命令操作;图形文件的创建、打开、保存和关闭等方法以及如何选择图中部件等内容,这些都将为以后的学习打下基础。

项目实训

实训任务一　创建新文件

打开 AutoCAD 2010,并新建一个图形文件,选择的样板为 acadiso.dwt,然后保存该图形文件,并命名为"轮廓线.dwg"关闭该图形文件的操作。

实训任务二　更改图形文件设置

打开 AutoCAD 2010,并新建一个图形文件,选择的样板为 acadiso.dwt,并将该图形文件中编辑窗口背景颜色改为白色,同时,配色方案为"暗",十字光标大小设置为"6",圆弧和圆的平滑度设置为"1500"。

项目拓展

拓展任务一　AutoCAD 2010 的工作界面由哪些部分组成?

拓展任务二　请分别用三种方式打开一个图像文件。

拓展任务三　简述 AutoCAD 2010 中文版的新功能。

项目二　AutoCAD 2010 绘图基础

通过学习本项目,你将了解到:

(1) AutoCAD 2010 坐标的种类,坐标的输入方法,长度和角度的类型、精度,以及角度的起始方向等设置。

(2) 数值、点、距离、角度的输入方法。

(3) 绘制圆弧、绘制圆、倒圆角、移动对象、绘制直线的输入命令方式。

(4) 捕捉间距、栅格间距、捕捉类型和栅格行为等选项及参数设置。

(5) 创建、管理图层和线型比例等设置。

项目说明

在使用 AutoCAD 2010 绘图之前,应该首先确定绘图所需要的环境参数设置,包括设置图形单位和界限,显示设置等。另外,还介绍了 AutoCAD 2010 的坐标系统、数据输入方法、命令的基本调用方法、绘图辅助工具以及图层管理的相关知识。

项目准备

在绘图的过程中,若要精确定位某个对象的位置,则应以某个坐标系作为参照。在 AutoCAD 2010 中,坐标系分为世界坐标系(WCS)和用户坐标系(UCS)。在这两种坐标系下都可以通过坐标(x,y)精确定位点。掌握各种坐标系对于精确绘图十分重要。

1. 世界坐标系

当开始绘制一幅新图时,AutoCAD 会自动地将当前坐标系设置为世界坐标系(WCS)。它包括 x 轴和 y 轴,如果在 3D 空间工作则还有一个 z 轴。WCS 坐标轴的交汇处显示一个"口"形标记,原点位于图形窗口的左下角,所有位移都是相对于该原点计算的,并且沿 x 轴向右及沿 y 轴向上的位移被规定为正向。AutoCAD 2010 工作界面内的图标就是世界坐标系的图标,如图 2.1 所示。

图 2.1　世界坐标系

2. 用户坐标系

在 AutoCAD 中,为了能够更好地辅助绘图,用户经常需要修改坐标系的原点和方向,这时世界坐标系将变为用户坐标系,即 UCS。

UCS 的 x、y、z 轴以及原点方向都可以移动或旋转,甚至可以依赖于图形中某个特定的对象。尽管用户坐标系中 3 个轴之间仍然互相垂直,但是在方向及位置上却都有更大的灵活性。另外,UCS 没有"口"形标记。

AutoCAD 2010 提供的 UCS 命令可以帮助用户定制自己需要的用户坐标系。启动 UCS 命令的方法有如下几种:

(1)在命令行中输入 UCS 命令,按【Enter】键确定。

(2)在“功能区”选项板中选择“视图”选项卡,在 UCS 面板中单击相应的命令按钮即可。

(3)单击 UCS 工具栏中相应的按钮,如图 2.2 所示。

图 2.2 UCS 工具栏中相应的按钮

用上述任意一种方法启动 UCS 命令后 AutoCAD 会提示,如图 2.3 所示。

该提示行中各个选项的含义如下:

(1)指定 UCS 的原点:使用一点、两点或三点定义一个新的 UCS。如果指定单个点,当前 UCS 的原点将会移动而不会更改 *x*、*y* 和 *z* 轴的方向。

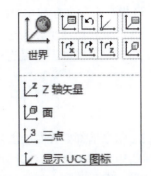

```
当前 UCS 名称: *世界*
指定 UCS 的原点或 [面(F)/命名(NA)/对象(OB)/上一个(P)/视图(V)/世界(W)/X/Y/Z/Z 轴(ZA)] <世界>:
```

图 2.3 AutoCAD 2010 启动 UCS 命令后的提示

(2)面:将 UCS 与三维实体的选定面对齐。要选择一个面,在此面的边界内或面的边上单击,被选中的面将亮显,UCS 的 *x* 轴将与找到的第一个面上的最近的边对齐。

(3)命名:按名称保存并恢复通常使用的 UCS 方向。

(4)对象:根据选定三维对象定义新的坐标系。新建 UCS 的拉伸方向(*z* 轴正方向)与选定对象的拉伸方向相同。

(5)上一个:恢复上一个 UCS。程序会保留在图纸空间中创建的最后 10 个坐标系和在模型空间中创建的最后 10 个坐标系。重复该选项将逐步返回一个集或其他集,这取决于哪一空间是当前空间。

(6)视图:以垂直于观察方向(平行于屏幕)的平面为 *xy* 平面,建立新的坐标系。UCS 原点保持不变。

(7)世界:将当前用户坐标系设置为世界坐标系。WCS 是所有用户坐标系的基准,不能被重新定义。

(8)*x*、*y*、*z*:绕指定轴旋转当前 UCS。

(9)*z* 轴:用指定的 *z* 轴正半轴定义 UCS。

提示:根据以上启动 UCS 命令的方法选择“世界”命令按钮,或在命令行提示中输入 w,选择“世界”选项即可实现用户坐标系(UCS)切换为世界坐标系(WCS)。

3. 坐标的输入

在 AutoCAD 2010 中,点的坐标可以使用绝对直角坐标、绝对极坐标、相对直角坐标和相对极坐标四种方法表示。在输入点的坐标时要注意以下几点:

(1)绝对直角坐标是相对于当前坐标系原点(0,0)或(0,0,0)的坐标。可以使用分数、小数或科学记数等形式表示点的 *x*、*y*、*z* 坐标值,坐标间用逗号隔开,如(6.0,5.4)、(6.3,2.0,3.4)等。

(2)绝对极坐标也是从点(0,0)或(0,0,0)出发的位移,但它给定的是距离和角度。其中距离和角度用“ < ”分开,且规定,*x* 轴正向为 0,*y* 轴正向为 90,如(8.03 <64)、(6 <30)等。

(3)相对直角坐标和相对极坐标是指相对于某一点的 x 轴和 y 轴位移,或距离和角度。它的表示方法是在绝对坐标表达式的前面加"@"号,如(@2,3)和(@6<30)。其中,相对极坐标中的角度是新点和上一点连线与 x 轴的夹角。

任务一 设置图形单位和界限

在绘图之前都要设置绘图界限和图形单位。设置绘图界限(又称绘图区域,也称图限)就是要标明用户的工作区域和图纸的边界,让用户在设置好的区域内绘图,以免所绘制的图形超出该边界。图形单位主要是设置长度和角度的类型、精度,以及角度的起始方向等。

1. 设置绘图界限

在 AutoCAD 2010 中,设置绘图界限的方法是:在命令行中输入 LIMITS 命令,按【Enter】键确定。

执行 LIMITS 命令时在命令行中会出现以下提示:

```
命令:LIMITS
重新设置模型空间界限:
指定左下角点或[开(ON)/关(OFF)]<0.0000,0.0000>:  //提示输入左下角的位置,默认值为(0,0)
指定右上角点<420.0000,297.0000>:  //提示输入右上角的位置,默认值为(420,297)
```

为什么要设置绘图界限?
设置绘图界限将直接影响图纸的空间范围,便于我们在设置的空间范围内绘图和观察图。

2. 设置图形单位

对任何图形而言,都有其大小、精度以及所采用的单位。在 AutoCAD 中,在屏幕上显示的只是屏幕单位,但屏幕单位应该对应一个真实的单位,不同的单位其显示格式是不同的。

同样,也可以设定或选择角度类型、精度和方向。

设置图形单位的方法主要有以下两种:

(1)在命令行中输入 UNITS 命令,按【Enter】键确定。
(2)单击"菜单浏览器"→"图形实用工具"→"单位"命令。

执行该命令后弹出"图形单位"对话框,如图 2.4 所示。

该对话框中包含"长度""角度""插入时的缩放单位""输出样例""光源"等 5 个区域。

任务二 AutoCAD 命令的基本调用方法

AutoCAD 命令的调用方法有多种,用户可以根据实际应用的需要调用。AutoCAD 将对命令做出响应并在命令提示行显示执行状态,或给出执行命令需要进一步选择的选项。

1. 输入命令

在 AutoCAD 中输入命令的方式有多种,用户可以从 AutoCAD"菜单浏览器"按钮命令菜单、"功能区"选项板、菜单栏、工具栏、右键快捷菜单、命令行或快捷键启动命令。有些命令只有一种输入方式。

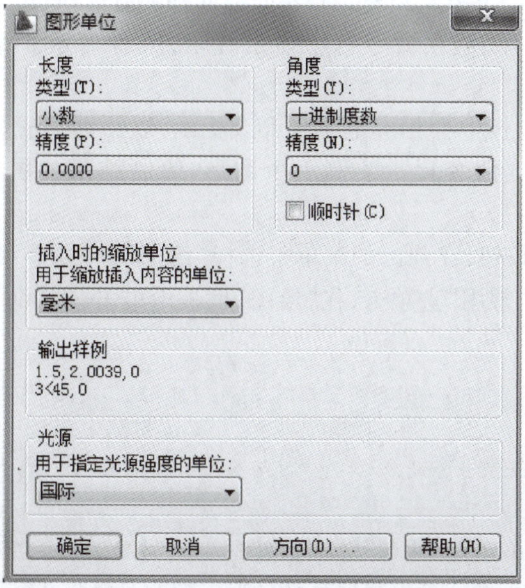

图 2.4　设置图形单位对话框

"菜单浏览器"按钮命令菜单、"功能区"选项板、菜单栏、工具栏、快捷键输入命令的方式和 Office 2007 应用程序(如 Word)基本相同。

AutoCAD 还提供了常用命令的简写形式,在命令行输入这些简写命令,然后按【Enter】键或者空格键就可以启动相应的常规命令。这种方法也适用于命令窗口和文本窗口。表 2.1 列出了几个常用命令的简写形式及对应操作。

表 2.1　常用 AutoCAD 命令的简写形式及对应操作

命令全名	简写	对应操作	命令全名	简写	对应操作
Arc	A	绘制圆弧	Move	M	移动对象
Block	B	定义块	Offset	O	偏移
Circle	C	绘制圆	Pan	P	视图平移
Dimstyle	D	标注样式	Redraw	R	重画
Erase	E	删除对象	Stretch	S	拉伸
Fillet	F	倒圆角	Mtext	T	创建多行文字
Group	G	编组	Undo	U	撤销上一次操作
Bhatch	H	快速填充	View	V	视图
Insert	I	块插入	Wblock	W	块写入
Line	L	绘制直线	Zoom	Z	缩放视图

2. 命令行操作提示

无论以哪一种方法启动命令,AutoCAD 都会以同样的方式执行命令。执行命令后,AutoCAD 一般是在命令行中显示提示,或者显示一个对话框。

在输入命令后,命令行中会相应地出现命令提示,以帮助完成该命令。使用"圆"命令,根据命令提示绘制一个圆形,绘制结果如图 2.5 所示。

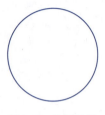

图 2.5　绘图结果

单击"菜单浏览器"按钮,在弹出的菜单中选择"绘图"→"圆"→"圆心、半径"命令,或在"功能区"选项板中选择"常用"选项卡,在"绘图"面板中单击"圆"命令按钮⊙▼绘制一个圆,具体的命令行操作如下:

```
命令:_circle
指定圆的圆心或[三点(3P)/两点(2P)/切点、切点、半径(T)]:在绘图区域适当位置处单击
以指定圆心
指定圆的圆心或[直径(D)]:输入"500",按【Enter】键确认。//指定圆的半径
输入"circle"命令后,命令行中会提示指定圆心、圆的半径或直径等。
```

3. 退出命令

有的命令在输入后会自动回到命令后的无命令状态,等待用户输入下一个命令。而有的命令则要求用户进行退出操作才能返回到等待输入下一个命令的状态,否则就会一直响应用户的操作。

退出操作的方法有两种:一种是绘制完成时按【Enter】键,有的按【Esc】键也可以;另一种是右击,在弹出的快捷菜单中选择"确认"命令即可。

任务三　显示设置

在绘图过程中,有时希望查看整个图形,有时希望查看更小的细微之处。AutoCAD 2010 可以自由控制视图的显示比例,需要对图形进行细微观察时,可适当放大视图比例以显示图形中的细节部分;而需要观察全部图形时,可缩小视图的显示比例。

1. 图形显示缩放

按一定比例、观察位置和角度显示的图形称为视图。在 AutoCAD 中,可以通过缩放视图来观察图形对象。图形显示缩放只是将屏幕上的对象放大或缩小其视觉尺寸,就像照相机的镜头一样,放大对象时,就好像靠近物体进行观察,从而可以放大图形的局部细节;缩小对象时,就好像远离物体进行观察,以观察整个图形的全貌。执行显示缩放后,对象的实际尺寸仍保持不变。

在 AutoCAD 2010 的经典界面中选择"视图"→"缩放"菜单命令中的子命令;右击快速访问工具栏,在弹出的快捷菜单中选择"显示菜单栏"命令,在菜单栏中选择"视图"→"缩放"菜单命令中的子命令,如图 2.6 所示;或单击"缩放"工具栏中的相应按钮,就可以缩放视图,如

图2.7所示。

图2.6 "缩放"菜单

图2.7 "缩放"工具栏

"缩放"子菜单中包含11个菜单命令,在具体使用中常用到"实时""窗口""动态""中心"等几个菜单命令。

(1)"实时":进入实时缩放模式,此时十字光标呈放大镜形状。单击并向上拖动十字光标可以放大整个图形;单击并向下拖动十字光标可以缩小整个图形;释放鼠标则停止缩放。如果要退出缩放菜单可以按【Enter】键或【Esc】键,或者在右键快捷菜单中选择"退出"菜单命令。

(2)"窗口":使用"窗口缩放"工具可以任意选择视图中的某一部分进行放大操作,特别是在绘制或浏览较大的规划图或大型装配图中的某一细节时。

(3)"动态":使用"动态缩放"工具选取放大区域时,系统首先会将所观察的视图缩小一定的比例,然后才可以确定选取放大区域的大小和位置。

(4)"中心":设置视图中心点,该选项适用于由中心点和缩放比例或高度所定义的窗口的缩放显示。也就是说,在图形中指定一点,然后指定一个缩放比例因子或者指定高度值来显示一个新视图,而选择的点将作为该新视图的中心点。如果输入的数值比默认值小,则会增大图像;如果输入的数值比默认值大,则会缩小图像。

(5)"对象":显示图形文件中的某一部分,选择该模式后,单击图形中的某个部分,该部分将显示在整个图形窗口中。

(6)"放大":选择该模式一次,系统会将整个视图放大1倍,即默认比例因子为2。

(7)"缩小":选择该模式一次,系统会将整个图形缩小1/2,即默认比例因子为0.5。

(8)"全部":显示整个图形中的所有对象。在平面视图中,以图形界限或当前图形范围为显示边界。如果图形延伸到图形界限以外,则仍将显示图形中的所有对象,此时的显示边界是图形范围。

(9)"范围":在屏幕上尽可能大地显示所有图形对象。与全部缩放模式不同的是,范围缩放使用的显示边界只是图形范围而不是图形界限。

2. 图形显示平移

使用平移视图命令，可以重新定位图形，以便浏览或绘制图形的其他部分。此时不会改变图形中对象的位置或比例，只改变视图在操作区域中的位置。

在 AutoCAD 2010 中，可以通过以下两种方法打开平移功能：

(1) 在命令行中输入 PAN 命令，按【Enter】键确定。

(2) 在菜单栏中选择"视图"→"平移"菜单命令中的子命令。

①"实时左"：在平移工具中，"实时平移"工具使用的频率最高，通过使用该工具可以拖动十字光标来移动视图在当前窗口中的位置。

②"定点"："定点平移"工具是通过指定基点和位移值来平移视图。视图的移动方向和十字光标的偏移方向一致。

> **提示**：在 AutoCAD 中，平移功能通常又称摇镜，它相当于将一个镜头对准视图，当镜头移动时，视口中的图形也跟着移动。

"左"：将视图向左进行平移。
"右"：将视图向右进行平移。
"上"：将视图向上进行平移。
"下"：将视图向下进行平移。

> **提示**：视图的缩放和平移操作也可以通过右键快捷菜单或状态栏中的"缩放"和"平移"按钮进行相应操作。

任务四　使用绘图辅助工具

在应用程序状态栏中提供的绘图辅助工具包括▦(捕捉模式)、▦(栅格显示)、┗(正交模式)、✍(极轴追踪)、□(对象捕捉)、∠(对象捕捉追踪)、┗(允许/禁止动态 UCS)、⊕(动态输入)、⊥(显示/隐藏线宽)和▣(快捷特性)等。

在设计中，巧用这些绘图辅助工具通常可以给设计带来方便。

1. 捕捉与栅格

捕捉模式常与栅格功能结合使用。在应用程序状态栏中单击▦(捕捉模式)按钮，则启用捕捉功能(捕捉模式)。启用捕捉模式后，十字光标按照设定的 x 轴捕捉间距和 y 轴捕捉间距移动。

在应用程序状态栏中单击▦(栅格显示)按钮时，则启用栅格功能(栅格模式)。此时，在绘图区域中显示设定参数的栅格点阵。显示的栅格点阵给用户在绘图时提供了直观定位参照，但是栅格点阵不会被打印出来。

单击"菜单浏览器"按钮，选择"工具"→"草图设置"命令，打开"草图设置"对话框，选择"捕捉和栅格"选项卡，在其中可以设置在默认情况下是否启用捕捉和启用栅格，可以设置捕捉间距和栅格间距，以及可以设置捕捉类型和栅格行为等选项及参数，如图 2.8 所示。

> **说明**：用户在状态栏中右击▦(捕捉模式)按钮或▦(格栅显示)按钮，在弹出的快捷菜单中选择"设置"命令，也可以打开"草图设置"对话框。

"草图设置"对话框的"捕捉和栅格"选项卡上各选项及参数的功能含义如下：

项目二　AutoCAD 2010绘图基础

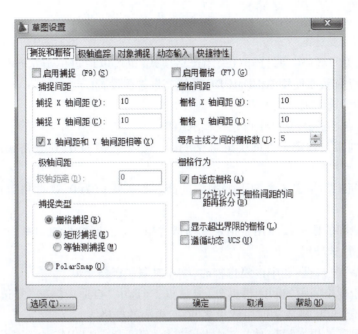

图2.8　"草图设置"对话框的"捕捉和栅格"选项卡

1)"启用捕捉"复选框

用于打开或关闭捕捉模式。用户也可以通过单击状态栏上的▦(捕捉模式)按钮,或按【F9】键,或使用SNAPMODE系统变量进行设置是否打开捕捉模式。

2)"捕捉间距"选项组

用于控制捕捉位置的不可见矩形栅格,以限制光标仅在指定的 x 和 y 间隔内移动。

"捕捉 X 轴间距":指定 x 方向的捕捉间距,间距值必须为正实数。

"捕捉 Y 轴间距":指定 y 方向的捕捉间距,间距值必须为正实数。

"X 轴间距和 Y 轴间距相等"复选框:选中该复选框时,则为捕捉间距和栅格间距强制使用同一 x 和 y 间距值。捕捉间距和栅格间距可以不相同。

3)"极轴间距"选项组

在该选项组中可以设置极轴距离尺寸。当在"捕捉类型"选项组中选中 PolarSnap 单选按钮时,设置捕捉增量距离。如果该值被设置为 0,则 PolarSnap 距离采用"捕捉 X 轴间距"中的设定值。"极轴距离"设置与极坐标追踪和/或对象捕捉追踪结合使用。如果两个追踪功能都未启用,则"极轴距离"设置无效。

4)"捕捉类型"选项组

用于设置捕捉样式和捕捉类型。

"栅格捕捉"单选按钮:用于设置栅格捕捉类型。如果指定点,光标将沿垂直或水平栅格点进行捕捉。当选定该单选按钮时,则可以选择"矩形捕捉"单选按钮或"等轴测捕捉"单选按钮。

PolarSnap 单选按钮:用于设置是否打开极轴捕捉。如果启用了"捕捉"模式并在极轴追踪打开的情况下指定点,光标将沿着"极轴追踪"选项卡上相对于极轴追踪起点设置的极轴对齐角度进行捕捉。

5)"启用栅格"复选框

用于打开或关闭栅格。要打开或关闭栅格模式,也可以通过单击状态栏中的▦(栅格显示)按钮,或按【F7】键,或使用 GRIDMODE 系统变量进行设置。

6)"栅格间距"选项组

用于控制栅格的显示,有助于形象化显示距离。

"栅格 X 轴间距":指定 x 方向上的栅格间距。如果该值为 0,则栅格采用"捕捉 X 轴间距"的设定值。

"栅格 Y 轴间距":指定 x 方向上的栅格间距。如果该值为 0,则栅格采用"捕捉 Y 轴间距"的设定值。

"每条主线之间的栅格数":用于指定主栅格线相对于次栅格线的频率。

7)"栅格行为"选项组

"自适应栅格"复选框:选中该复选框时,缩小时限制栅格密度。

"允许以小于栅格间距的间距再拆分"复选框:当选中"自适应栅格"复选框时,此复选框才可用。选中该复选框,则放大时生成更多间距、更小的栅格线。

"显示超出界限的栅格"复选框:选中此复选框,显示超出 LIMITS 命令指定区域的栅格。

"遵循动态 UCS"复选框:用于更改栅格平面以跟随动态 UCS 的 xy 平面。

2. 启用正交模式

要启用正交模式,可在应用程序状态栏中单击▙(正交模式)按钮。当启用正交模式时,可以在绘图区域中快速地绘制水平的或垂直的直线。

用户可以使用【F8】键控制正交模式的开关状态。

3. 对象捕捉与对象捕捉追踪功能

在绘图过程中,常常需要在一些特殊几何点间连线,如过圆心、线段的中点或端点画线等。在此情况下,若不借助辅助工具,是很难直接准确地拾取这些点的。当然,可以在命令行中输入点的坐标值来精确地定位点,但有些点的坐标值是很难计算出来的。为帮助用户快速、准确地拾取特殊几何点,AutoCAD 提供了一系列不同方式的对象捕捉工具,这些工具包含在图 2.9 所示的对象捕捉快捷菜单上。

下面简单地介绍对象捕捉与对象捕捉追踪的基础知识。

1)对象捕捉

在应用程序状态栏中单击▯(对象捕捉)按钮,则表示启用对象捕捉模式。启用对象捕捉模式后,可以在对象上的精确位置指定捕捉点。

AutoCAD 2010 提供了许多种对象捕捉方式,包括端点、中点、中心、节点、象限、交点、延伸、插入点、垂足、切点、最近点、外观交点和平行。用户可以根据绘图需要来设置相应的对象捕捉方式。注意:有时候如果设置的对象捕捉方式太多,那么也可能

图 2.9　对象捕捉快捷菜单

会影响对象捕捉操作。常用对象捕捉方式的功能见表2.2。

表 2.2　常用对象捕捉方式的功能

按　　钮	功能描述	简　　称
	捕捉线段、圆弧等几何对象的端点	END
	捕捉线段、圆弧等几何对象的中点	MID
	捕捉几何对象间真实的或延伸的交点	INT
	在二维空间中与⊠功能相同,在三维空间中捕捉两个对象的视图交点(在投影视图中显示相交,但实际上并不一定相交)	APP
	捕捉延伸点	EXT
	正交偏移捕捉,该捕捉方式可以使用户相对于一个已知点定位另一点	FRO
	捕捉圆、圆弧和椭圆的中心	CEN
	捕捉圆、圆弧和椭圆的0°、90°、180°或270°处的点,即象限点	QUA
	在绘制相切的几何关系时,该捕捉方式使用户可以捕捉切点	TAN
	在绘制垂直的几何关系时,该捕捉方式使用户可以捕捉垂足	PER
	平行捕捉,可用于绘制平行线	PAR
	捕捉POINT命令创建的点对象	NOD
	捕捉距离鼠标指针中心最近的几何对象上的点	NEA

设置对象捕捉方式的典型方法及步骤如下:

(1) 单击"菜单浏览器"按钮,选择"工具"→"草图设置"命令,打开"草图设置"对话框。选择"对象捕捉"选项卡。用户也可以在应用程序状态栏中右击▢(对象捕捉)按钮,在弹出的快捷菜单中选择"设置"命令,直接进入"草图设置"对话框的"对象捕捉"选项卡。

(2) 在"对象捕捉"选项卡中,选中"启用对象捕捉"复选框,然后在"对象捕捉模式"选项组中选中所需的复选框,如图2.10所示。如果单击"全部选择"按钮,则打开所有对象捕捉模式;如果单击"全部清除"按钮,则关闭所有对象捕捉模式。

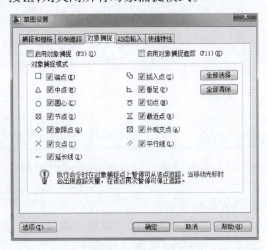

图2.10　"草图设置"对话框的"对象捕捉"选项卡

(3)指定对象捕捉模式复选框后,单击"草图设置"对话框中的"确定"按钮。按【F3】键可以快速打开或关闭对象捕捉模式。

2)对象捕捉追踪

在应用程序状态栏中单击 ∠(对象捕捉追踪)按钮,启用对象捕捉追踪模式(简称"对象追踪"模式)。使用对象捕捉追踪模式,在命令行中指定点时,光标可以沿基于其他对象捕捉点的对齐路径进行追踪。

注意:要使用对象捕捉追踪,必须启用对象捕捉。

按【F11】键可以快速打开或关闭对象捕捉追踪模式。

4. 极轴追踪

在应用程序状态栏中单击 ⌖(极轴追踪)按钮,启用极轴模式(或称极轴追踪模式)。启用极轴模式时,可以在绘图区域根据设定的极轴角度,绘制或编辑具有一定角度的直线等。

注意:正交模式和极轴模式只能启用其中一种模式。

按【F10】键,可以快速控制极轴模式的开关状态。

设置极轴追踪相关选项及参数的典型方法和步骤如下:

(1)单击"菜单浏览器"按钮,选择"工具"→"草图设置"命令,打开"草图设置"对话框,选择"极轴追踪"选项卡。或者在应用程序状态栏中右击 ⌖(极轴追踪)按钮,在弹出的快捷菜单中选择"设置"命令,从而打开"草图设置"对话框。

(2)在"极轴追踪"选项卡中进行相关设置,如图 2.11 所示。例如,可以在"增量角"下拉列表框中设置极轴增量角的大小,并可以新建若干个极轴追踪的附加角,设置正交追踪等。

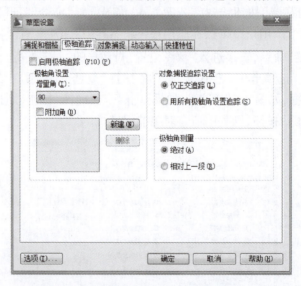

图 2.11 "草图设置"对话框的"极轴追踪"选项卡

关于极轴追踪的相关设置如下:

"增量角":设置用来显示极轴追踪对齐路径的极轴角增量,可以输入任何角度,也可以从列表中选择 5、10、15、18、22.5、30、45 或 90 这些常用角度。

"附加角":对极轴追踪使用列表中的任何一种附加角度,如果在"极轴角设置"选项组中选中"附加角"复选框,则列出可用的附加角度。单击"新建"按钮,可以添加新的角度,注意最多可以添加 10 个附加极轴追踪对齐角度;而单击"删除"按钮,则删除指定的现有附加角度。

"对象捕捉追踪设置":在该选项组中提供"仅正交追踪"单选按钮和"用所有极轴角设置追踪"单选按钮。如果选择"仅正交追踪"单选按钮,则当打开对象捕捉追踪时,仅显示已获得的对象捕捉点的正交(水平或垂直)对象捕捉追踪路径;如果选择"用所有极轴角设置追踪"单选按钮,则将极轴追踪设置应用于对象捕捉追踪,使用对象捕捉追踪时,光标将从获取的对象捕捉点起沿极轴对齐角度进行追踪。

"极轴角测量":该选项组用于设置测量极轴追踪对齐角度的基准,可供选择的单选按钮有"绝对"和"相对上一段"。如果选择"绝对"单选按钮,则根据当前用户坐标系(UCS)确定极轴追踪角度;如果选择"相对上一段"单选按钮,则根据上一个绘制线段确定极轴追踪角度。

(3)在"草图设置"对话框中单击"确定"按钮,完成设置。

5. 动态输入

在应用程序状态栏中单击 ╬ (动态输入)按钮,则启用动态输入模式。启用动态输入模式时,工具栏提示将在光标附近显示信息,该信息会随着光标移动而动态更新,例如,当某条命令为活动时,工具栏提示将为用户提供输入的位置。动态输入不会取代命令窗口,但它丰富了用户的操作形式,可以帮助用户专注于绘图区域。

按【F12】键可以快速打开或关闭动态输入模式。

单击"菜单浏览器"按钮,选择"工具"→"草图设置"命令,打开"草图设置"对话框,选择"动态输入"选项卡。或者在应用程序状态栏中右击 ╬ (动态输入)按钮,在弹出的快捷菜单中选择"设置"命令,进入"草图设置"对话框的"动态输入"选项卡,如图 2.12 所示。

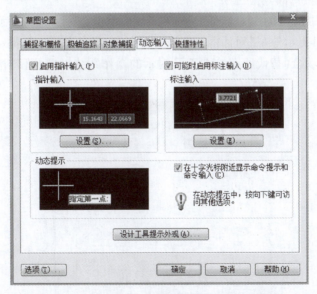

图 2.12 "草图设置"对话框的"动态输入"选项卡

在"动态输入"选项卡中,可以设置动态输入的 3 个组件,即指针输入、标注输入和动态提示,此外还可以设计工具提示外观。

单击"指针输入"选项组中的"设置"按钮,打开图 2.13 所示的"指针输入设置"对话框。使用该对话框,可以控制打开指针输入时显示在工具栏提示中的坐标格式,控制何时显示指针输入等。

单击"标注输入"选项组中的"设置"按钮,打开图 2.14 所示的"标注输入的设置"对话框。可在该对话框中设置与标注输入相关的选项。

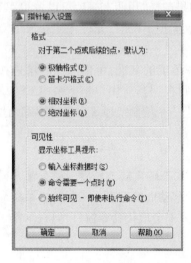
图 2.13 "指针输入设置"对话框

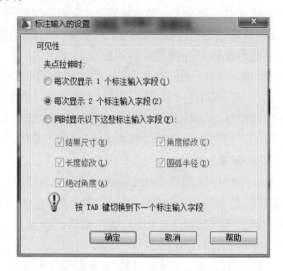
图 2.14 "标注输入的设置"对话框

在"动态提示"选项组中,可以设置在十字光标附近显示命令和命令输入。在动态提示下,按下箭头【↓】键可访问其他选项。

在"草图设置"对话框的"动态输入"选项卡中,单击"设计工具提示外观"按钮,打开图 2.15 所示的"工具提示外观"对话框。在该对话框中,可以设置工具提示的颜色、大小和透明度,并设置其应用场合(替代所有绘图工具提示的操作系统设置或仅对动态输入工具提示使用设置)。

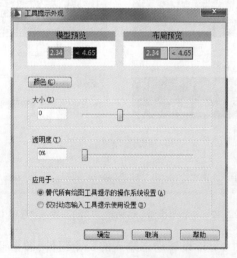
图 2.15 "工具提示外观"对话框

为了让初学者更加深入地理解动态输入模式,下面举一个在启用动态输入模式下进行绘图的简单实例。操作步骤如下:

(1)新建一个图形文件,在应用程序状态栏中单击 (动态输入)按钮,启用动态输入模式。

(2)单击 (矩形)按钮。

(3)将光标置于绘图区域中,出现图 2.16 所示的工具栏提示。输入第一个角点的 x 坐标为 30,并按【,】键,此时工具栏提示如图 2.17 所示。

图 2.16 出现的工具栏提示　　　　图 2.17 输入 x 坐标值

(4)在工具栏提示的输入界面中输入该角点的 y 坐标为 60,如图 2.18 所示,按【Enter】键。

(5)在工具栏提示中出现"指定另一个角点或 "提示信息,按下箭头【↓】键直到在"尺寸"选项前出现一个实心圆点,如图 2.19 所示,然后按【Enter】键。

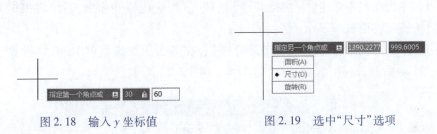

图 2.18 输入 y 坐标值　　　　图 2.19 选中"尺寸"选项

(6)在动态输入工具栏提示的尺寸框中输入矩形的长度为 80,如图 2.20 所示,按【Enter】键确认;接着输入矩形的宽度为 60,按【Enter】键确认。

(7)使用鼠标在确定另一个角点的区域内单击。

完成绘制的矩形如图 2.21 所示。

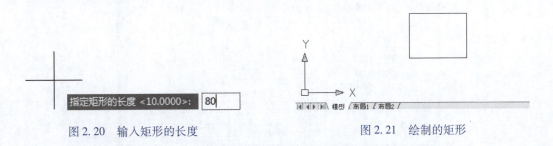

图 2.20 输入矩形的长度　　　　图 2.21 绘制的矩形

6. 显示/隐藏线宽

在应用程序状态栏中单击 (显示/隐藏线宽)按钮,启用线宽功能。如果在应用程序状态栏中右击 (显示/隐藏线宽)按钮,在弹出的快捷菜单中选择"设置"命令,弹出图 2.22 所示的"线宽设置"对话框。通过"线宽设置"对话框,可以设置当前线宽、设置线宽单位(毫米或英寸)、控制线宽的显示和显示比例,以及设置图层的默认线宽值。

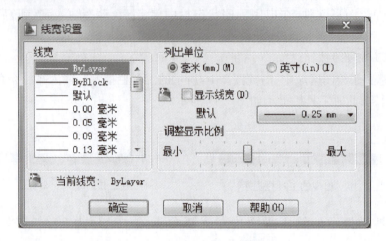

图 2.22 "线宽设置"对话框

7. 启用快捷特性面板

在应用程序状态栏中单击 (快捷特性)按钮,启用快捷特性面板,系统将根据对象类型打开或关闭快捷特性面板的显示。

在应用程序状态栏中右击 (快捷特性)按钮,在弹出的快捷菜单中选择"设置"命令,弹出"草图设置"对话框,选择"快捷特性"选项卡,如图 2.23 所示。

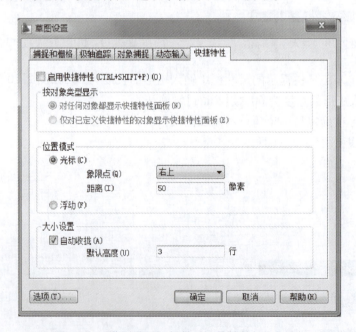

图 2.23 "草图设置"对话框的"快捷特性"选项卡

下面介绍快捷特性设置的相关选项。

1)"按对象类型显示"选项组

"对任何对象都显示快捷特性面板"单选按钮:选中此单选按钮,则快捷特性面板设置为对选择的任何对象都显示。

"仅对已定义快捷特性的对象显示快捷特性面板"单选按钮:选中此单选按钮,则将快捷特性面板设置为仅对已在自定义用户界面(CUI)编辑器中定义为显示特性的对象显示。

2)"位置模式"选项组

使用此选项组设置快捷特性面板的显示位置。

如果将位置模式设置为"光标",则在光标模式下,快捷特性面板将显示在相对于所选对象的位置。从"象限点"下拉列表框中可以选择四个象限之一,即右上、左上、右下或左下;在"距离"文本框中可以在范围 0~400 之间指定值(仅限整数值),以设置在位置模式下选择"光标"时的距离。

如果将位置模式设置为"浮动",则在浮动模式下,除非手动重新定位快捷特性面板的位置,否则将显示在同一位置。

3)"大小设置"选项组

使用此选项组设置快捷特性面板的大小。选中"自动收拢"复选框时,使快捷特性面板在空闲状态下仅显示指定数量的特性。在"默认高度"文本框中可以指定 1~30 之间的值(仅限整数值),为快捷特性面板设置在收拢的空闲状态下显示的默认特性数量。

默认设置对任何对象都显示快捷特性面板,在这种情况下,假设在图形区域中单击一个圆,那么系统会出现一个显示该圆特性的快捷特性面板,如图 2.24 所示。

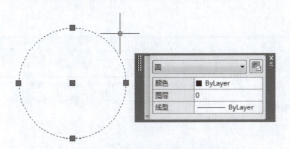

图 2.24　显示指定圆的快捷特性面板

任务五　图层管理

图层是 AutoCAD 提供的强大功能之一,利用图层可以方便地对图形进行管理。使用图层主要有两个好处:一是便于统一管理图形(例如,用户可以通过改变图层的线型和颜色等属性,统一调整该图层上所有对象的线型和颜色);二是可以通过隐藏、冻结图层等操作统一隐藏、冻结该图层上所有的图形对象,从而为图形的绘制提供方便。线型比例主要用于设置非连续线型的疏密程度。

下面主要讲解创建、管理图层和线型比例的设置等,并用实例说明图层的设置方法和线型比例的用法。

1. 创建图层

图层是计算机辅助制图快速发展的产物，在许多平面绘图软件及网页软件中都有运用，如 Photoshop 和 Dreamweaver 等。

图层是用户组织和管理图形的强有力的工具，每个图层就像一张透明的玻璃纸，而每张纸上面的图形可以进行叠加。绘制图形时，用户可以创建多个图层，每个图层上的颜色、线型和线宽都可以不同。用户可以根据图层对图形几何对象、文字和标注等进行归类处理，这样不仅能够使图形的各种信息清晰、有序和便于观察，而且也可以给图形的编辑、修改和输出带来很大的方便，从而提高绘制复杂图形的效率和准确性。

开始绘制新图形时，AutoCAD 2010 将自动创建一个名为"0"的特殊图层。默认情况下，就是在图层 0 的基础上绘制图形。图层 0 使用与背景颜色相区别的白色或黑色，默认线型为 Continuous、线宽为"——默认"。用户不能删除或重命名该图层。在绘图的过程中，如果要使用更多的图层来组织图形，就需要创建新图层。

默认情况下，AutoCAD 会自动创建一个 0 图层。要新建图层，可以在经典界面中选择"格式"→"图层"命令；或在"功能区"选项板中选择"常用"选项卡，在"图层"面板中单击"图层特性"按钮，弹出"图层特性管理器"对话框，单击"新建图层"按钮，即可在图层列表中创建一个名称为"图层 1"的新图层。

创建图层的具体操作步骤如下：

（1）在"功能区"选项板中选择"常用"选项卡，在"图层"面板中单击"图层特性"按钮，弹出"图层特性管理器"对话框，如图 2.25 所示。利用该对话框可以很方便地创建图层并设置其基本属性。

图 2.25　图层特性管理器

（2）单击"图层特性管理器"对话框中的"新建图层"按钮，新建名为"图层 1"的图层。默认情况下，新建图层的设置与图层 0 的状态、颜色、线型及线宽等设置相同，如图 2.26 所示。

（3）新建图层完成后可以直接输入图层名称。需要重命名时，单击此图层名称，然后输入新的图层名称，按【Enter】键即可。

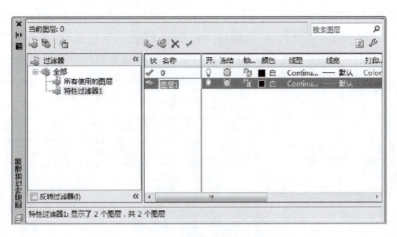

图 2.26　新建图层

2. 设置图层颜色

为了能清楚醒目地区分不同的图形对象,可以设定不同图层为不同的颜色。可以通过图层指定对象的颜色,也可以不依赖图层而明确地指定颜色。通过图层指定颜色可以在图形中轻易识别每个图层,明确地指定颜色会在同一图层的对象之间产生其他的差别。颜色也可以用来区别不同线宽。

(1)在"图层特性管理器"对话框中单击"图层 1"对应的颜色小方块,弹出"选择颜色"对话框。

在最上面的标准颜色中单击第一个颜色块,即"红",在"颜色"提示栏中会自动显示用户选中的颜色名,在随后的小方块中会显示选中的颜色。用户也可以直接在"颜色"文本框中输入"红"或颜色号"1"来设定颜色值,如图 2.27 所示。

图 2.27　"选择颜色"对话框

（2）单击"确定"按钮返回"图层特性管理器"对话框，然后使用同样的方法单击"图层2"对应的颜色小方块，弹出"选择颜色"对话框，将"图层2"的颜色设置为"黄色"。

（3）选择好颜色后单击"确定"按钮返回"图层特性管理器"对话框，如图2.28所示。

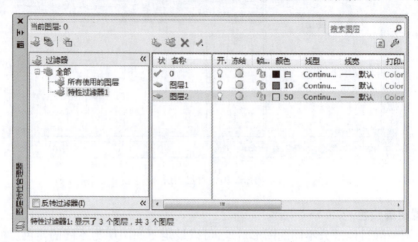

图2.28　结果显示

3. 设置图层线型

在绘制的图形中，线条的组成和显示方式称为线型，如虚线和实线等。为了满足不同国家或行业标准的要求，在 AutoCAD 中除了常用线型外，也有一些由特殊线型或符号组成的复杂线型。在默认的情况下，图层的线型有 Continuous、ByLayer 和 ByBlock 三种。

如果要增加新的线型，可以通过线型的加载完成。在 AutoCAD 2010 中设置线型的具体操作步骤如下：

（1）单击"菜单浏览器"按钮，选择"格式"→"线型"命令；或在"功能区"选项板中选择"常用"选项卡，在"图层"面板中单击"图层特性"按钮，弹出"图层特性管理器"对话框，如图2.29所示。

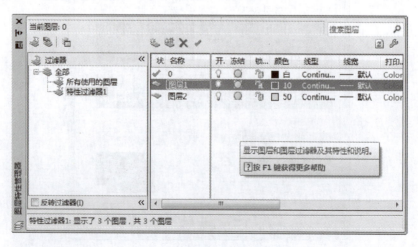

图2.29　"图层特性管理器"对话框

(2)在"图层1"的"线型"一栏处右击,在弹出的快捷菜单中选择"选择线型"命令(或直接在"线型"一栏处单击),如图2.30所示。

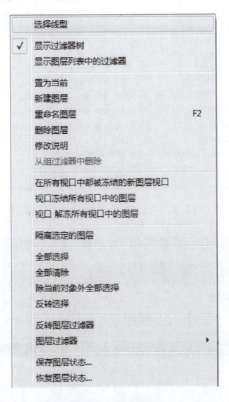

图2.30　线型选择

(3)弹出"选择线型"对话框,单击"加载"按钮,如图2.31所示。

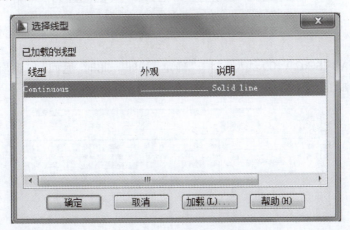

图2.31　"选择线型"对话框

(4)弹出"加载或重载线型"对话框,在"可用线型"列表框中选择需要的新线型,如"ACAD-ISO02W100 线型,如图2.32所示。

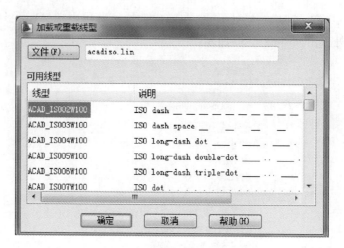

图 2.32 "加载或重载线型"对话框

(5)单击"确定"按钮,返回到"选择线型"对话框,完成线型的加载,如图 2.33 所示。

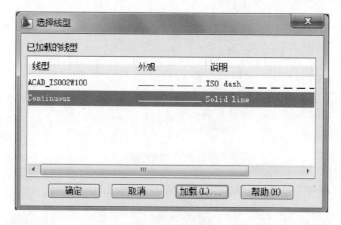

图 2.33 线型选择

(6)选择 ACAD-ISO02W100 线型,单击"确定"按钮。此时,返回到"图层特性管理器"对话框。最终效果如图 2.34 所示。

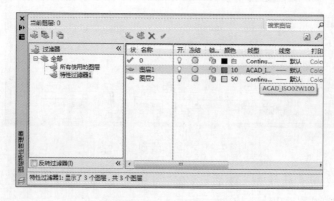

图 2.34 选择的线型

4. 设置图层线宽

使用线宽,可以用粗线和细线清楚地表现出截面的剖切方式、标高的深度、尺寸线和小标记,以及细节上的不同。例如,通过为不同的图层指定不同的线宽,可以很方便地区分新建的、现有的和被破坏的结构。AutoCAD 2010 提供了 20 多种线宽供用户选择。通过调整线宽的比例,可以使图形中的线宽显示得更宽或更窄。

设置图层线宽的具体操作步骤如下:

(1)在"功能区"选项板中选择"常用"选项卡,在"图层"面板中单击"图层特性"按钮，弹出"图层特性管理器"对话框。在该对话框中,单击需要修改图层的"线宽"列中的"——默认"选项(见图 2.35),弹出"线宽"对话框。

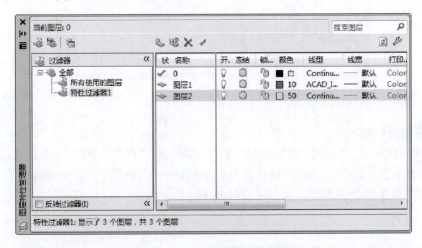

图 2.35　单击需要修改的图层

(2)在"线宽"对话框中根据需要选择合适的线宽,如选择"0.25 毫米",然后单击"确定"按钮,该图层上线的宽度就会更改为所选择的线宽,如图 2.36 所示。

图 2.36　"线宽"对话框

(3)单击"菜单浏览器"按钮,选择"格式"→"线宽"命令,弹出"线宽设置"对话框,如果选中"显示线宽"复选框,将在屏幕上显示线宽设置效果。通过调节"调整显示比例"滑块,还可以调整线宽显示的效果,如图2.37所示。

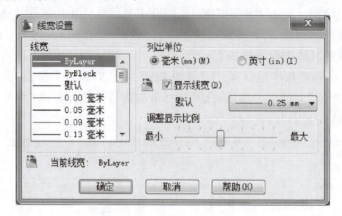

图 2.37 "线宽设置"对话框

5. 设置图层状态

在 AutoCAD 2010"功能区"选项板的"常用"选项卡的"图层"面板中,单击相应的按钮可以控制图层的状态,如开/关、锁定/解锁以及冻结或解冻等,如图2.38(a)所示。单击"图层"面板右下角的三角按钮◢可以展开显示其他命令按钮,如图2.38(b)所示。

(a)状态设置1

(b)状态设置2

图 2.38 "图层"面板

设置图层状态时要注意以下几点:

(1)开/关:图层打开时,可显示和编辑图层上的内容;图层关闭时,图层上的内容被全都隐藏,且不可被编辑或打印。切换图层的开/关状态时不会重新生成图形。

(2)冻结/解冻:冻结图层时,图层上的内容全部隐藏,且不可被编辑或打印,从而可减少复杂图形的重生成时间。已冻结图层上的对象不可见,并且不会遮盖其他对象。解冻一个或多个图层将导致重新生成图形。冻结和解冻图层比打开和关闭图层需要更多的时间。

(3)锁定/解锁:锁定图层时,图层上的内容仍然可见,并且能够捕捉或添加新对象,但不能被编辑和修改。默认情况下图层是解锁的。

6. 管理图层

使用"图层特性管理器"对话框还可以对图层进行更多的设置与管理,如进行图层的切换、重命名和删除等操作。

1）切换当前层

当前层就是当前绘图层。用户只能在当前图层中绘制图形，而且所绘制实体的属性将继承当前层的属性。

在实际绘图中，可以通过以下两种方法实现图层的切换：

（1）在"功能区"选项板中选择"常用"选项卡，在"图层"面板的"图层控制"下拉列表中切换。

（2）在"图层特性管理器"对话框中选择要置换为当前的图层，并单击"置为当前"按钮 。

下面详细介绍切换当前层的操作步骤。

① 在"功能区"选项板中选择"常用"选项卡，在"图层"面板的"图层控制"下拉列表中，初始状况下系统默认 0 图层为当前层，如图 2.39 所示。

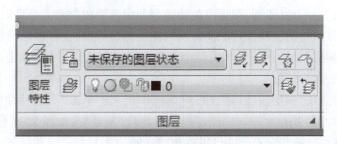

图 2.39 "图层"面板

② 单击"图层控制"右侧的下拉按钮 ，在弹出的下拉列表中可将当前图层切换到其他图层。如可以将当前 0 图层切换到图层 1 或图层 2，如图 2.40 所示。

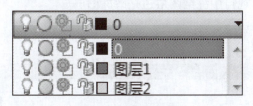

图 2.40 管理图层

③ 在"图层特性管理器"对话框中选取需要设置为当前层的图层，然后单击"置为当前"按钮 也可以进行当前层的切换。

2）显示图层组

用户可以控制"图层特性管理器"中列出的图层名，并且可以按照图层名或图层特性（如颜色或可见性）进行排序。

利用图层过滤器可以限制"图层特性管理器"和"图层"面板中的"图层控制"下拉列表中显示的图层名。在大型图形中，利用图层过滤器可以仅显示要处理的图层。

有以下两种图层过滤器：

（1）图层特性过滤器：包括名称或其他特性相同的图层。例如，可以定义一个过滤器，其中包括图层颜色为红色并且名称包括字符 mech 的所有图层。

(2)图层组过滤器:包括在定义时放入过滤器的图层,而不考虑英名称或特性。

"图层特性管理器"中的树状图显示了默认的图层过滤器以及当前图形中创建并保存的所有命名的过滤器。图层过滤器旁边的图标表明过滤器的类型。有以下 5 个默认过滤器:

- 全部:显示当前图形中的所有图层。
- 所有使用的图层:显示当前图形中的对象所在的所有图层。
- 外部参照:如果图形附着了外部参照,将显示从其他图形参照的所有图层。
- 视口替代:如果存在具有当前视口替代的图层,将显示包含特性替代的所有图层。
- 未协调新图层:如果自上次打开、保存、重载或打印图形后添加了新图层,将显示新的未协调图层列表。

一旦命名并定义了图层过滤器,就可以在树状图中选择该过滤器,以便在列表视图中显示图层。

在树状图中右击一个过滤器,在弹出的快捷菜单中选择相应的命令可以删除、重命名或修改过滤器。例如,可以将图层特性过滤器转换为图层组过滤器,也可以修改过滤器中所有图层的某个特性。"隔离组"命令用于关闭图形中未包括在选定过滤器中的所有图层。

3)定义图层特性过滤器

图层特性过滤器在"图层过滤器特性"对话框中定义。单击"图层特性管理器"对话框上方的"新建特性过滤器"按钮,弹出"图层过滤器特性"对话框,如图 2.41 所示。在该对话框中可以选择要包括在过滤器定义中的以下任何特性:

- 图层名、颜色、线型、线宽和打印样式。
- 图层是否正被使用。
- 打开还是关闭图层。
- 在当前视口或所有视口中冻结图层还是解冻图层。
- 锁定图层还是解锁图层。
- 是否设置打印图层。

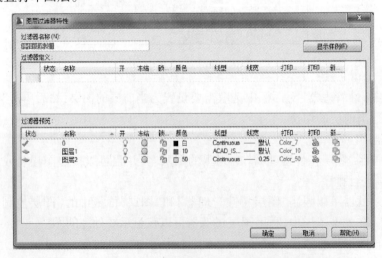

图 2.41 "图层过滤器特性"对话框

使用通配符按名称过滤图层。例如,只希望显示以字符 mech 开头的图层,可以输入 mech。

图层特性过滤器中的图层可能会因图层特性的改变而改变。例如,定义了一个名为 Site 的图层特性过滤器,该图层特性过滤器包括名称中包含字符 Site 并且线型为"连续"的所有图层。随后修改了其中某些图层中的线型,那么具有新线型的图层将不再属于图层特性过滤器 Site,并且在应用此过滤器时这些图层将不再显示出来。

图层特性过滤器可以嵌套在其他特性过滤器或组过滤器下。

4)定义图层组过滤器

图层组过滤器只包括那些明确指定到该过滤器中的图层。即使修改了指定到该过滤器中的图层的特性,这些图层仍属于该过滤器。图层组过滤器只能嵌套到其他图层组过滤器下。

单击"图层特性管理器"上方的"新建组过滤器"按钮,可以看到在"图层特性管理器"对话框的"过滤器"树状菜单中多出新建的"组过滤器1",也可以右击对其进行重命名,如图 2.42 所示。

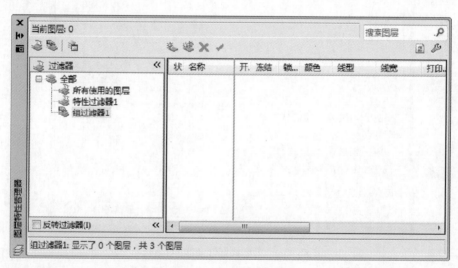

图 2.42　新建组过滤器

5)反转图层过滤器

例如,图形中所有的场地规划信息均包括在名称中包含字符 Site 的多个图层中,则可先创建一个以名称(＊Site＊)过滤图层的过滤器定义,然后勾选"反转过滤器"复选框,这样该过滤器就包括了除场地规划信息以外的所有信息。

6)对图层进行排序

一旦创建了图层,就可以使用名称或其他特性对其进行排序。在图层特性管理器中,单击列标题就会按照该列中的特性排列图层。图层名可以按字母的升序或降序排列。

7)保存与恢复图层状态

可以将图形的当前图层设置保存为命名图层状态,以后再恢复这些设置。如果在绘图的不同阶段或打印的过程中需要恢复所有图层的特定设置,保存图形设置会带来很大的方便。

(1)保存图层设置。图层设置包括图层状态(如解锁或锁定)和图层特性(如颜色或线型)。在命名图层状态中,可以选择要在以后恢复的图层状态和图层特性。例如,可以选择只恢复图形中图层的"冻结/解冻"设置,而忽略所有其他设置。恢复该命名图层状态时,除了每个图层的冻结或解冻设置以外,其他设置都保持当前设置。

在"功能区"选项板中选择"常用"选项卡,在"图层"面板中单击"图层状态管理器"按钮 ;或单击"图层特性管理器"对话框中的"图层状态管理器"按钮 ,弹出"图层状态管理器"对话框,如图2.43所示。

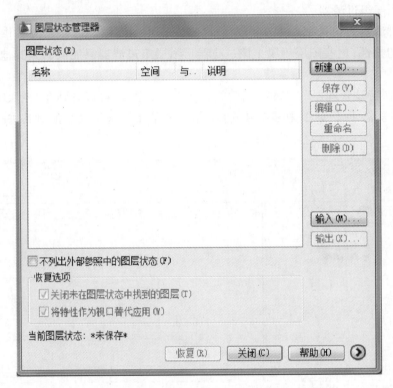

图 2.43 "图层状态管理器"对话框

(2)恢复图层设置。恢复命名图层状态时,默认情况下将恢复在保存图层状态时指定的图层设置(图层状态和图层特性)。因为所有图层设置都保存在命名图层状态中,所以可以在恢复时指定不同的设置。未选择恢复的所有图层设置都将保持不变。

另外,保存命名图层状态时的当前图层仍将被置为当前图层。如果图层已不存在,当前图层则不会改变。

8)重命名图层

若要重命名图层,可以在"图层特性管理器"对话框的图层显示栏内选中图层,然后单击该图层名称进行修改(或选中图层后右击,在弹出的快捷菜单中选择"重命名图层"命令)。

重命名图层的具体操作步骤如下:

(1)在"功能区"选项板中选择"常用"选项卡,在"图层"面板中单击"图层特性"按钮 ,弹出"图层特性管理器"对话框。对话框的设置如图2.44所示。

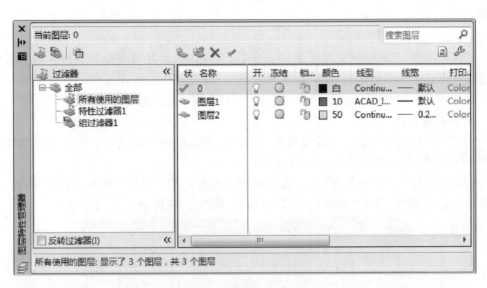

图 2.44　图层特性管理器

(2)通过选中图层后单击该图层并输入新名称(如"轴线")即可改变其名称,如图 2.45 所示。

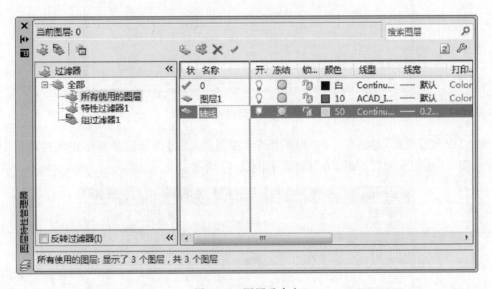

图 2.45　图层重命名

9)删除图层

选中图层后,单击"图层特性管理器"对话框中的"删除"按钮 ✕ (或按【Delete】键,或右击后选择相应命令)可以删除该图层。

在"功能区"选项板中选择"常用"选项卡,在"图层"面板中单击"删除"按钮,可以删除图层上的所有对象并清理图层。

但是当前图层、包含对象的图层、0 层、Defpoints 图层以及依赖于外部参照的图层等不能被删除。

10) 改变图形对象所在图层

在实际绘图中,有时绘制完某一图形元素后,发现该元素并没有绘制在预先设置的图层上。这时可以选中该图形元素,选取需要改变图形所在的图层,然后在"功能区"选项板中选择"常用"选项卡,在"图层"面板的"图层控制"下拉列表中切换即可改变图形所在的图层。

7. 设置线型比例

AutoCAD 中提供了大量的非连续线型,如虚线、点画线和中心线等。通常非连续线型的显示和实线线型不同,要受到图形尺寸的影响。

为了改变非连续线型的外观,可以为图形设置线型比例。单击"菜单浏览器"按钮,选择"格式"→"线型"命令,弹出"线型管理器"对话框,如图 2.46 所示。

图 2.46 "线型管理器"对话框

单击"线型管理器"对话框中的"显示细节"按钮,可以将详细信息显示在该对话框中,此时"显示细节"按钮变为"隐藏细节"按钮,如图 2.47 所示。

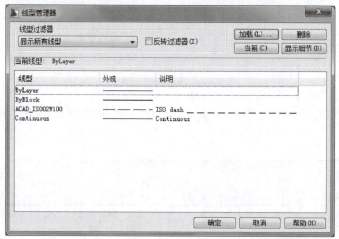

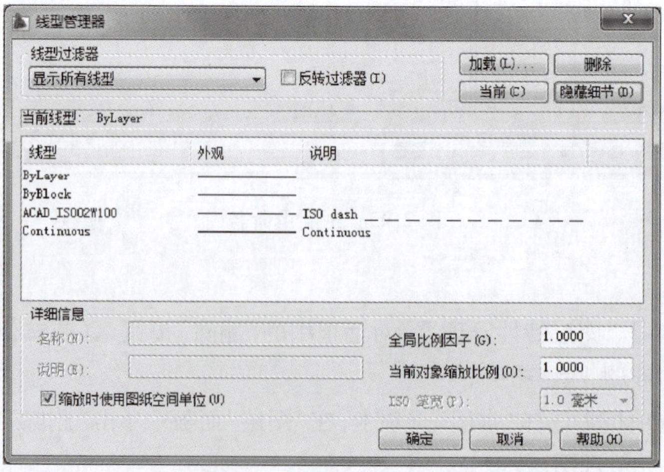

图 2.47 "线型管理器"对话框

在"详细信息"选项组中的"全局比例因子"文本框中可以设置图形中所有非连续线型的外观;利用"当前对象缩放比例"文本框,可以设置将要绘制的非连续线型的外观,而原来绘制的非连续线型的外观并不受影响。

8. 控制如何显示重叠的对象

可以控制将重叠对象中的哪一个对象显示在前端。

通常情况下,重叠对象(如文字、多段线和实体填充多边形等)按其创建的次序显示:新创建的对象在现有对象的前面。

在 AutoCAD 2010 中,单击"菜单浏览器"按钮,选择"工具"→"绘图次序"命令,在"绘图次序"的子命令中选择相应的命令,如图 2.48 所示。或在"功能区"选项板中选择"常用"选项卡,在"修改"面板中单击"置于对象之上"下拉按钮 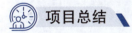,在下拉列表中可选择"前置""后置""置于对象之上""置于对象之后"选项,如图 2.49 所示。

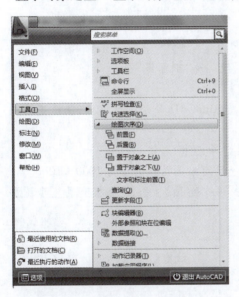

图 2.48 选择"绘图次序"命令

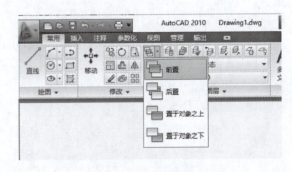

图 2.49 绘图次序

项目总结

通过本项目的学习,读者应该对 AutoCAD 2010 的坐标系统、绘图前的基本绘图界面设置、数据输入方法、命令的基本调用方法、绘图辅助工具以及图层的管理有较为详尽的了解,从而为图形的设计和绘制打下坚实的基础。

项目实训

实训任务一 创建图层、将图形对象修改到其他图层上、改变对象的颜色及控制图层状态等。

(1)打开 AutoCAD 2010,并新建一个图形文件,选择的样板为 acadiso.dwt。

(2)创建以下图层。

名称	颜色	线型	线宽
建筑-轴线	红色	Center	默认
建筑-墙线	白色	Continuous	0.7
建筑-门窗	黄色	Continuous	默认
建筑-阳台	黄色	Continuous	默认
建筑-尺寸	绿色	Continuous	默认

(3)将"建筑-尺寸"及"建筑-轴线"层修改为蓝色。
(4)关闭或冻结"建筑-尺寸"层。

实训任务二 使用图层及修改线型比例。
(1)打开 AutoCAD 2010,并新建一个图形文件,选择的样板为 acadiso.dwt。
(2)创建以下图层。

名称	颜色	线型	线宽
轮廓线	绿色	Continuous	默认
剖面线	绿色	Continuous	默认

(3)修改全局线型比例因子为 0.5,然后打开"轮廓线"及"剖面线"层。
(4)将轮廓线的线宽修改为 0.7。

实训任务三 创建及存储图形文件、新建图层、熟悉 AutoCAD 命令执行过程、快速查看图形等。
(1)利用 AutoCAD 提供的样板文件 acadiso.dwt 创建新文件。
(2)进入"AutoCAD 经典"工作空间,用 LIMITS 命令设定绘图区域大小为 1000×1000。
(3)单击状态栏上的 按钮,选择"视图"→"缩放"→"范围"命令,使栅格充满整个图形窗口显示出来。
(4)创建以下图层。

名称	颜色	线型	线宽
轮廓线	白色	Continuous	0.70
中心线	红色	Center	默认

(5)切换到轮廓线层,单击"绘图"面板中的 按钮,AutoCAD 提示:

```
命令:circle
指定圆的圆心或[三点(3P)/两点(2P)/相切、相切、半径(T)]:
        //在屏幕上单击一点
指定圆的半径或[直径(D)] <30.0000>:50//输入圆半径
命令:        //按【Enter】键重复上一个命令
CIRCLE 指定圆的圆心或[三点(3P)/两点(2P)/相切、相切、半径(T)]:
        //在屏幕上单击一点
指定圆的半径或[直径(D)] <50.0000>:100//输入圆半径
命令:        //按【Enter】键重复上一个命令
CIRCLE 指定圆的圆心或[三点(3P)/两点(2P)/相切、相切、半径(T)]:* 取消*
        //按【Esc】键取消命令
```

(6)单击"绘图"面板中的 ✎ 按钮,绘制任意几条线段,然后将这些线段修改到中心线层上。

(7)利用"特性"面板中的"线型控制"下拉列表将线型全局比例因子修改为2。

(8)单击"标准"工具栏中的 🔍 按钮,使图形充满整个绘图窗口。

(9)以文件名 User.dwg 保存图形。

项目拓展

拓展任务一 用直线命令 LINE,利用绝对坐标和相对坐标两种点坐标的输入方法绘制如图 2.50 所示的图形。

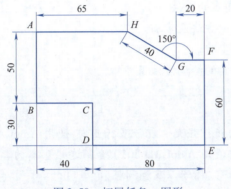

图 2.50 拓展任务一图形

拓展任务二 打开素材文件 ch02/xt-1,如图 2.51(a)所示,用直线命令 LINE,利用对象捕捉,根据标注将图 2.51(a)修改成图 2.51(b)所示样式。

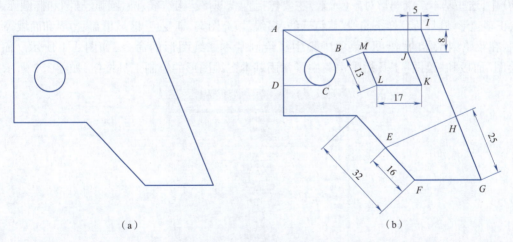

图 2.51 拓展任务二图形

拓展任务三 打开素材文件 ch02/xt-2,用三种方式进行图形的缩放。

项目三　绘制简单二维图形

通过学习本项目,你将了解到:
(1)绘图的三种执行方式。
(2)单点、多点、定数等分、定距等分的功能、作用及区别。
(3)平行线、斜线及垂直线的画法。
(4)圆及圆弧连接的绘制方法及步骤。
(5)矩形的绘制方法及步骤。
(6)各种正多边形及椭圆的绘制方法及步骤。

项目说明

AutoCAD 的二维绘图功能很强大。在很多行业内,使用 AutoCAD 绘制二维工程图较为普遍。本项目将主要介绍如何使用 AutoCAD 2010 绘制这些基本的二维图形:点、直线、射线、构造线、圆、圆弧、矩形、正多边形、椭圆以及椭圆弧。

项目准备

复杂二维图形其实可以看成是由基本二维图形对象经过组合和编辑而成的。在 AutoCAD 2010 中,这些基本二维图形对象(元素)主要包括直线、射线、构造线、圆、圆弧、椭圆和椭圆弧、矩形、正多边形、圆环、点、样条曲线、修订云线、多线、填充图案、渐变色、区域覆盖、边界和面域等。

在菜单浏览器的"绘图"菜单中集中了绘制基本二维图形的命令,如图 3.1 所示。而在"绘图"面板和"绘图"工具栏中也集中了常用基本二维图形的绘制工具按钮,如图 3.2 所示。

图 3.1　"绘图"菜单

图 3.2 "绘图"面板

在 AutoCAD 2010 中绘制基本二维图形是很方便和灵活的,用户可以通过菜单浏览器的"绘图"菜单中的命令创建基本二维图形对象,也可以在"绘图"面板或"绘图"工具栏中单击相应的按钮创建,此外还可以通过在命令行中输入相应的命令名进行创建。这些都只是执行方式不一样而已,其实质是一样的。例如,绘制直线可以有如下几种常用执行方式:

执行方式一:单击"菜单浏览器"按钮,选择"绘图"→"直线"命令。

执行方式二:在"绘图"面板或"绘图"工具栏中单击 (直线)按钮。

执行方式三:在命令窗口的命令行中输入 line。

本书在介绍基本二维图形的绘制方法及绘制过程时,可能不能兼顾所有的执行方式。若没有特别说明,本项目均默认在非动态输入模式下创建基本二维图形。

任务一 绘制点

在绘图过程中,经常要通过输入点的坐标确定某个点的位置。如在绘制直线时,需要输入其端点,绘制圆或圆弧时需要确定圆心点等。在利用 AutoCAD 绘制图形时,当确定好自己的坐标系以后,一般可以采用键盘输入、使用鼠标在绘图区内拾取或利用"对象捕捉"方式捕捉一些特征点(如圆心、线段的端点、垂足点、切点或中点)等方法确定点的位置。

在执行 AutoCAD 命令时,当系统提示要求输入确定点位置的参数信息时,就必须通过键盘输入坐标点来响应提示。

绘制点的方式有以下三种:

(1)在命令行中输入 POINT 命令,按【Enter】键确定。

(2)单击"菜单浏览器"按钮,选择"绘图"→"点"菜单中的子命令,如图 3.3 所示。

图 3.3 选择"绘图"→"点"命令

(3)在"功能区"选项板中选择"常用"选项卡,在"绘图"面板中单击"多点"按钮,也可以单击该按钮右侧的下拉按钮,从中选择合适的选项,如图3.4所示。

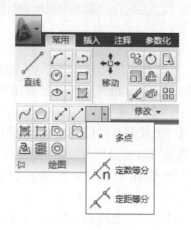

图3.4 绘制点

在"绘图"→"点"子菜单中提供了绘制点的四种方法,即单点、多点、定数等分和定距等分。

使用这四种方法绘制点,其绘制结果如下:
(1)选择"单点"命令,可以在屏幕上绘制一个点。
(2)选择"多点"命令,可以在屏幕上同时绘制多个点。
(3)选择"定数等分"命令,可以定数等分一个实体。
(4)选择"定距等分"命令,可以定距等分一个实体。

在绘制点的实际操作中,可以通过DDPTYPE命令或单击"菜单浏览器"按钮,选择"格式"→"点样式"命令,弹出"点样式"对话框,在其中对点样式进行设置,如图3.5所示。

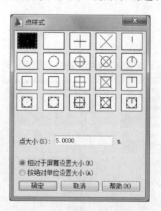

图3.5 "点样式"对话框

AutoCAD提供了20种不同式样的点供用户选择。在"点样式"对话框中,可以选取需要的点样式,设置输入"点大小"的百分比,该百分比可以设置成相对于屏幕的大小,也可以设置成绝对单位的大小,单击"确定"按钮后,系统就会自动采用新的设定重新生成图形。

任务二 绘制直线

两点可以确定一条直线。这是直线绘制的基本思路。在执行直线绘制命令后,在绘图区域分别指定两个点来绘制一根直线段,可以连续指定其他点来绘制一系列首尾相连的线段,绘制的每一条直线段都是一个独立的直线对象。

在绘制直线的典型步骤如下:

(1)单击 ✎(直线)按钮,在命令窗口的命令行中出现下列提示信息:

_line 指定第一点:

(2)指定第1点作为线段起点。指定第1点后,命令窗口的命令行提示:

指定下一点或[放弃(u)]:

(3)指定第2点作为直线端点。指定第2点后,命令窗口的命令行提示:

指定下一点或[放弃(u)]:

(4)此时,若按【Enter】键,则完成绘制该直线;若在命令行中输入 U 并按【Enter】键,则放弃该直线的绘制。如果需要,可继续指定其他点,而命令行提示将变为:

指定下一点或[闭合(c)/放弃(u)]:

(5)此时,可以继续指定下一点以绘制连续的直线段。若按【Enter】键,则完成多条直线的绘制;若在命令行中输入 C 并按【Enter】键,则闭合所有线段。

【案例3-1】绘制图3.6所示的闭合直线段。

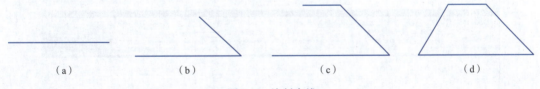

(a)　　　　　　(b)　　　　　　(c)　　　　　　(d)

图3.6　绘制直线

单击 ✎(直线)按钮,然后根据命令窗口的命令行提示执行下列操作:

```
命令:LINE
指定第一点:50,50↙              //输入起点坐标
指定下一点或[放弃(u)]:@ 100<0↙    //绘制的第1条直线如图3.6(a)所示
指定下一点或[放弃(u)]:@ 80<135↙   //完成第2条直线,如图3.6(b)所示
指定下一点或[闭合(c)/放弃(v)]:@ 20<180↙
                                //完成第3条直线,如图3.6(c)所示
指定下一点或[闭合(c)/放弃(v)]:C↙
          //完成第4条直线,形成如图3.6(d)所示的封闭图形
```

任务三 绘制射线和构造线

射线是三维空间中起始于指定点并且无限延伸的直线,它仅在一个方向上延伸,例如在图 3.7 中存在着三条射线。通常将射线用作创建其他对象的参照。

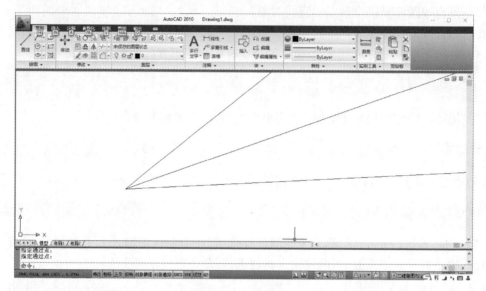

图 3.7 三条射线

AutoCAD 中的构造线是指向两个方向无限延伸的直线,它可以放置在三维空间的任何地方,通常将构造线作为创建其他对象的参照。在图 3.8 中,存在着三条构造线。

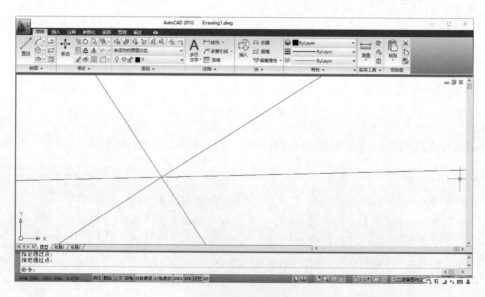

图 3.8 三条构造线

在执行显示图形范围的命令时,系统将忽略射线和构造线。另外,在实际工作中,为了不打印构造线,通常将构造线和射线放置在一个专门的图层上,在打印前可以冻结或关闭这个图层。

1. 绘制射线

创建射线的典型操作步骤如下:

(1)单击"菜单浏览器"按钮,选择"绘图"→"射线"命令。

(2)指定射线的起点。

(3)指定射线要通过的点。

(4)可以根据需要继续指定点以创建其他射线,所有后续射线都经过第一个指定点。

(5)按【Enter】键结束射线命令操作。

【案例3-2】绘制图3.9所示的射线,这三条射线都通过第一个指定点。

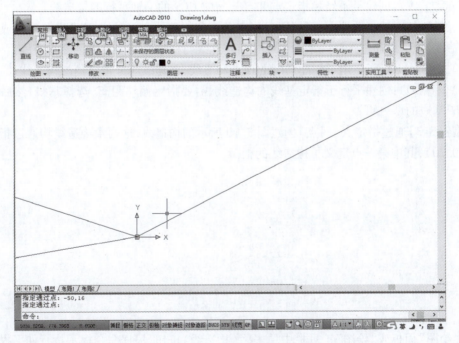

图3.9 绘制三条射线

单击"菜单浏览器"按钮,选择"绘图"→"射线"命令,或者在"绘图"面板中单击 ╱(射线)按钮,接着根据命令提示执行如下操作。

```
命令:ray
指定起点:0,0↙
指定通过点:20,10↙
指定通过点:-30,-5↙
指定通过点:-50,16↙
指定通过点:↙
```

2. 绘制构造线

单击"菜单浏览器"按钮"绘图"→"构造线"命令,或者在"绘图"面板或"绘图"工具栏中单击 (构造线)按钮,命令窗口的命令行提示如下:

```
命令:XLINE
指定点或[水平(H)/垂直(V)/角度(A)/二等分(B)/偏移(O)]:
```

系统提供了多种创建构造线的方式,其中默认的是通过指定点(两点)的方式。创建构造线的选项的功能含义如下:

(1)指定点:指定两点定义方向,其中第一个点(根)是构造线概念上的中点,即通过"中点"对象捕捉而捕捉到的点。

(2)水平(H):创建一条经过指定点并且与当前UCS的x轴平行的构造线。

(3)垂直(V):创建一条经过指定点并且与当前UCS的y轴平行的构造线。

(4)角度(A):选择此选项,可以通过指定角度和构造线必经的点创建与水平轴成指定角度的构造线,也可以通过选择一条参考线并指定此线与构造线的角度来创建构造线。

(5)二等分(B):指定用于创建角度的顶点和直线,创建二等分指定角的构造线。

(6)偏移(O):创建平行于指定基线的构造线,需要指定偏移距离,选择基线,然后指明构造线位于基线的哪一侧。

【案例3-3】通过指定点(两点)创建图3.10所示的构造线,这两条构造线均通过指定的第一点(20,20),其中第一点定义了构造线的根。

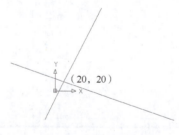

图3.10 绘制两条构造线

在"绘图"面板或"绘图"工具栏中单击 (构造线)按钮,根据命令提示执行如下操作:

```
命令:XLINE
指定点或[水平(H)/垂直(V)/角度(A)/二等分(B)/偏移(O)]:20,20↙
指定通过点:30,39↙
指定通过点:50,10↙
指定通过点:↙
```

通过各种方法创建构造线的操作实例如下:

(1)新建一个图形文件,单击 (直线)按钮,接着根据命令提示执行如下操作:

```
命令:LINE
指定第一点:30,30↙
```

指定下一点或[放弃(U)]:-10,-10↙
指定下一点或[放弃(U)]:60,-20↙
指定下一点或[闭合(C)/放弃(U)]:↙

绘制的两段相连的直线如图 3.11 所示。

(2)单击"绘图"面板中的 (构造线)按钮,根据命令提示执行如下操作:

命令:XLINE
指定点或[水平(H)/垂直(V)/角度(A)/二等分(B)/偏移(O)]:H↙
指定通过点:10、10↙
指定通过点:↙

创建的水平构造线如图 3.12 所示。

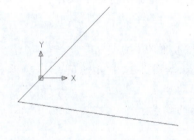 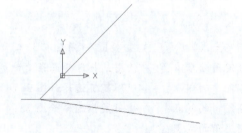

图 3.11　绘制两段直线　　　　图 3.12　创建经过指定点的水平构造线

(3)单击"绘图"面板中的 (构造线)按钮,根据命令提示执行如下操作:

命令:XLINE
指定点或[水平(H)/垂直(V)/角度(A)/二等分(B)/偏移(O)]:V↙
指定通过点:30,30↙
指定通过点:↙

创建的经过指定点(30,30)的垂直构造线如图 3.13 所示。

(4)单击"绘图"面板中的 (构造线)按钮,根据命令提示执行如下操作:

命令:XLINE
指定点或[水平(H)/垂直(V)/角度(A)/二等分(B)/偏移(O)]:A↙
输入构造线的角度(0)或[参照(R)]:15↙
指定通过点:-10,-10↙
指定通过点:0,0↙
指定通过点:↙

此次操作创建的两根构造线如图 3.14 所示。

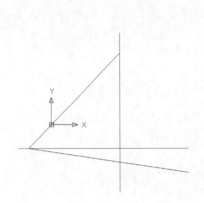
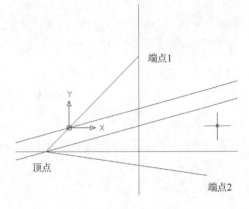

图 3.13 创建经过指定点的垂直构造线　　图 3.14 通过"角度"选项创建的两根构造线

(5)单击"绘图"面板中的 ✍(构造线)按钮,根据命令提示执行如下操作:

```
命令:XLINE
指定点或[水平(H)/垂直(V)/角度(A)/二等分(B)/偏移(O)]:B↙
指定角的顶点: //使用鼠标选择两条直线的交点,如图 3.14 所示的顶点
指定角的起点: //使用鼠标选择如图 3.14 所示的端点 1
指定角的端点: //使用鼠标选择如图 3.14 所示的端点 2
指定角的端点:↙
```

由"二等分"方式创建的构造线如图 3.15 所示。

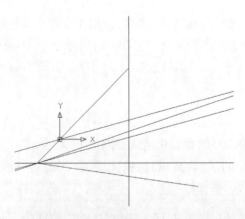

图 3.15 创建二等分指定角的构造线

(6)单击"绘图"面板中的 ✍(构造线)按钮,根据命令提示执行如下操作:

```
命令:XLINE
指定点或[水平(H)/垂直(V)/角度(A)/二等分(B)/偏移(O)]:O↙
指定偏移距离或[通过(T)](通过):25↙
```

```
选择直线对象:            //选择如图 3.16 所示的直线对象
指定向哪侧偏移:          //在如图 3.17 所示的一侧单击
选择直线对象:↵
```

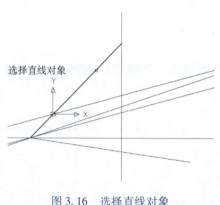

图 3.16　选择直线对象

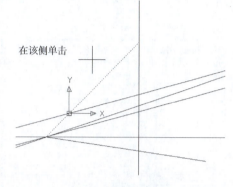

图 3.17　指定偏移侧

通过选择"偏移(O)"选项创建的构造线如图 3.18 所示。

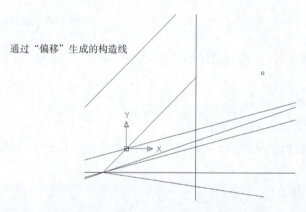

图 3.18　通过"偏移"完成的构造线

任务四　绘 制 圆

圆在二维图形中较为常见。通常使用 (圆)按钮通过指定圆心和半径创建圆对象。此外,AutoCAD 2010 还提供了其他几种绘制圆的方法命令,包括"圆心,直径""两点""三点""相切、相切、半径""相切、相切、相切"命令,这些命令位于菜单浏览器的"绘图"→"圆"子菜单中,如图 3.19 所示,用户也可以从"绘图"面板中找到相应的工具按钮,如图 3.20 所示。

1."圆心、半径"命令绘制圆的方法

单击"菜单浏览器"按钮,选择"绘图"→"圆"→"圆心、半径"命令,或者单击 (圆)按钮,可以通过指定圆心和半径绘制圆。

使用"圆心、半径"命令绘制圆的典型操作步骤如下:

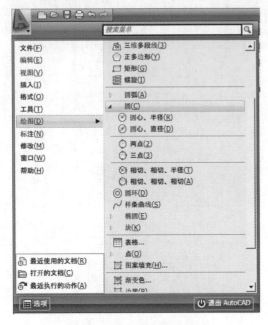

图 3.19　通过菜单绘制圆

图 3.20　通过面板绘制圆

(1)单击"菜单浏览器"按钮,选择"绘图"→"圆"→"圆心、半径"命令,或者单击 ⊙▾(圆)按钮。

(2)指定圆的圆心。

(3)指定圆的半径。

例如,在"绘图"面板中单击 ⊙▾(圆)按钮,根据命令提示执行如下操作绘制图 3.21 所示的圆:

```
命令:CIRCLE
指定圆的圆心或[三点(3P)/两点(2P)/切点、切点、半径(T)]:0,0↙
指定圆的半径或[直径(D)](50.0000):38↙
```

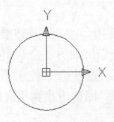

图 3.21　绘制圆

2. "圆心、直径"命令绘制圆的方法

使用"圆心、半径"命令绘制圆的操作步骤如下：

(1) 单击"菜单浏览器"按钮，选择"绘图"→"圆"→"圆心、直径"命令，或者单击"绘图"面板中的 ⊘ (圆心、半径) 按钮。

(2) 指定圆的圆心。

(3) 指定圆的直径。

下面是一个执行"圆心、直径"命令绘制圆的操作实例。单击"菜单浏览器"按钮，选择"绘图"→"圆"→"圆心、直径"命令，根据命令行提示分别输入圆心坐标和圆的直径。

```
命令:CIRCLE
指定圆的圆心或[三点(3P)/两点(2P)/切点、切点、半径(T)]:100,0↙
指定圆的半径或[直径(D)](38.0000):d↙
指定圆的直径<76.0000>:50↙
```

绘制的圆如图 3.22 所示。

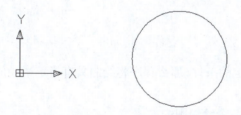

图 3.22 使用"圆心、半径"命令绘制圆

3. "两点"命令绘制圆的方法

使用"两点"命令是通过指定两点定义一条直径创建圆。使用该方法绘制圆的典型操作步骤如下：

(1) 单击"菜单浏览器"按钮，选择"绘图"→"圆"→"两点"命令。

(2) 指定圆直径的第一个端点。

(3) 指定圆直径的第二个端点。

4. "三点"命令绘制圆的方法

使用"三点"命令是通过指定圆周上的三点绘制圆。使用该方法绘制圆的典型操作步骤如下：

(1) 单击"菜单浏览器"按钮，选择"绘图"→"圆"→"三点"命令。

(2) 指定圆周上的第一个点。

(3) 指定圆周上的第二个点。

(4) 指定圆周上的第三个点。

5. "相切、相切、半径"命令绘制圆的方法

使用"相切、相切、半径"命令绘制圆（简称"切切半"），需要分别指定对象与圆的两个切点和指定圆的半径来创建圆。在指定对象时,注意打开对象捕捉功能并设置"切点"捕捉模式。与圆相切的对象可以是圆、圆弧或直线。

单击"菜单浏览器"按钮,选择"绘图"→"圆"→"相切、相切、半径"命令,根据命令行提示执行如下操作:

```
命令:CIRCLE
指定圆的圆心或[三点(3P)/两点(2P)/相切、相切、半径(T)]:T↙
指定对象与圆的第一个切点:        //选择圆、圆弧或直线
指定对象与圆的第二个切点:        //选择圆、圆弧或直线
指定圆的半径(当前值):           //输入圆的半径值或接受当前值
```

使用"相切、相切、半径"命令绘制圆的示例如图 3.23 所示。

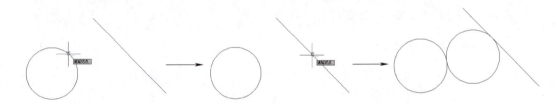

图 3.23 "相切、相切、半径"命令绘制圆

如果有多个圆符合指定的条件,那么程序将绘制具有指定半径的圆,并使其切点与选定点的距离最近。

6. "相切、相切、相切"命令绘制圆的方法

使用"相切、相切、相切"命令绘制圆(简称"切切切"),需要分别指定三个对象,创建与这三个对象都相切的圆。当不止一个圆符合指定的条件时,系统会根据就近原则绘制其切点与选定点距离最近的相切圆。

单击"菜单浏览器"按钮,选择"绘图"→"圆"→"相切、相切、相切"命令,接着根据命令提示执行如下操作。

```
命令:CIRCLE
指定圆的圆心或[三点(3P)/两点(2P)/切点、切点、半径(T)]:_3p↙
指定圆上的第一个点:tan 到      //单击第一个对象
指定圆上的第二个点:tan 到      //单击第二个对象
指定圆上的第三个点:tan 到      //单击第三个对象
```

使用"相切、相切、相切"命令绘制圆的示例如图 3.24 所示。

任务五 绘制圆弧

AutoCAD 2010 提供了多种绘制圆弧的方法,如图 3.25 和图 3.26 所示。

项目三 绘制简单二维图形 59

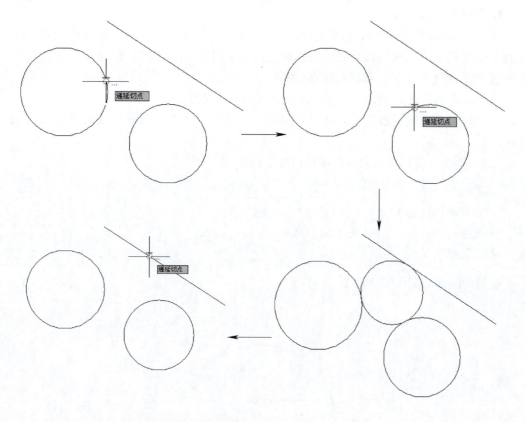

图 3.24 使用"相切、相切、相切"命令绘制圆

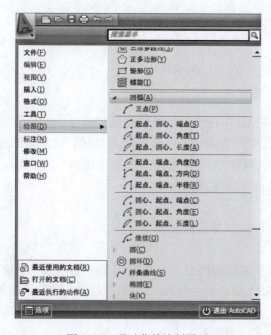

图 3.25 通过菜单绘制圆弧

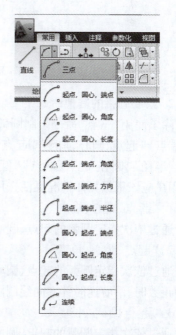

图 3.26 通过面板绘制圆弧

1. 了解三点绘制法

单击"菜单浏览器"按钮,选择"绘图"→"圆弧"→"三点"命令,或者单击"绘图"面板或"绘图"工具栏中的 (圆弧)按钮,可以通过指定不同的三点创建圆弧,这三点分别定义了圆弧的起点、圆弧上的某一点和圆弧端点(终点)。

下面以简单实例介绍使用"三点"命令绘制圆弧的典型步骤。

(1)单击"菜单浏览器"按钮,选择"绘图"→"圆弧"→"三点"命令,或者单击 (圆弧)按钮。

(2)根据命令窗口中的命令提示执行如下操作:

```
命令:ARC
指定圆弧的起点或[圆心(C)]:-10,-20↙
指定圆弧的第二个点或[圆心(C)/端点(E)]:10,20↙
指定圆弧的端点:30,-30↙
```

绘制的圆弧如图 3.27 所示。

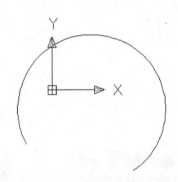

图 3.27 通过"三点"命令绘制圆弧

2. 绘制圆弧的其他命令

除了使用"三点"命令绘制圆弧外,AutoCAD 还提供其他绘制圆弧的命令,包括"起点、圆心、端点""起点、圆心、角度""起点、圆心、长度""起点、端点、角度""起点、端点、方向""起点、端点、半径""圆心、起点、端点""圆心、起点、角度""圆心、起点、长度""继续"。在实际应用中,用户应该根据具体情况灵活选用合适的命令创建圆弧。

1)"起点、圆心、端点"

通过依次指定圆弧的起点、圆心和端点(终点)来绘制圆弧。

2)"起点、圆心、角度"

通过依次指定圆弧的起点、圆心和圆弧所对应的圆心角(包含角)来绘制圆弧。当输入圆心为正数时,沿着逆时针方向绘制圆弧;当输入圆心角为负数时,沿着顺时针方向绘制圆弧。

3)"起点、圆心、长度"

通过依次指定圆弧的起点、圆心和弦长来绘制圆弧。

4)"起点、端点、角度"

通过依次指定圆弧的起点、终点和圆心角(包含角)来绘制圆弧。

5)"起点、端点、方向"

通过依次指定圆弧的起点、终点和圆弧起点处的切线方向来绘制圆弧。

6)"起点、端点、半径"

通过依次指定圆弧的起点、终点和圆弧半径来绘制圆。当输入半径为正数时,绘制劣弧;当输入半径为负数时,绘制优弧。

7)"圆心、起点、端点"

通过依次指定圆心位置、起点位置和终点位置来绘制圆弧。

8)"圆心、起点、角度"

通过依次指定圆心位置、起点位置和圆弧所对应的圆心角(包含角)来绘制圆弧。

9)"圆心、起点、长度"

通过依次指定圆心位置、起点位置和弦长来绘制圆弧。

10)"继续"

创建圆弧使其相切于上一次绘制的直线或圆弧。执行此命令时,命令提示"指定圆弧的端点"。

【案例 3-4】绘制图 3.28 所示的多个圆弧图形。

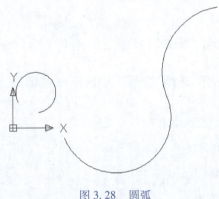

图 3.28 圆弧

(1)新建一个图形文件。

(2)单击"菜单浏览器"按钮,选择"绘图"→"圆弧"→"起点、端点、半径"命令,根据命令窗口中的命令提示,执行如下操作:

```
命令:ARC
指定圆弧的起点或[圆心(C)]:50,30↙
指定圆弧的第二个点或[圆心(C)/端点(E)]:_e
指定圆弧的端点:10,50↙
指定圆弧的圆心或[角度(A)/方向(D)/半径(R)]:_r↙
指定圆弧的半径:39↙
```

绘制的第一条圆弧如图 3.29 所示。

(3)单击"菜单浏览器"按钮,选择"绘图"→"圆弧"→"起点、端点、半径"命令,根据命令提示执行如下操作:

```
命令:ARC
指定圆弧的起点或[圆心(C)]:50,30
指定圆弧的第二个点或[圆心(C)/端点(E)]:_e
指定圆弧的端点:10,50
指定圆弧的圆心或[角度(A)/方向(D)/半径(R)]:_r
指定圆弧的半径:39
```

绘制的第二条圆弧如图 3.30 所示,注意和第一条圆弧相比较。

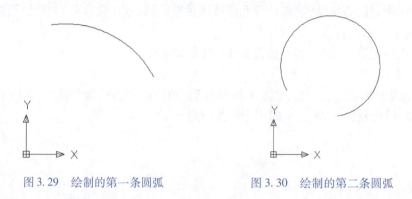

图 3.29　绘制的第一条圆弧　　　　图 3.30　绘制的第二条圆弧

(4)单击"菜单浏览器"按钮,选择"绘图"→"圆弧"→"圆心、起点、端点"命令,根据命令行提示执行如下操作:

```
命令:ARC
指定圆弧的起点或[圆心(C)]:_c
指定圆弧的圆心:200,20
指定圆弧的起点:100,-20
指定圆弧的端点或[角度(A)/弦长 1.]:300,60
```

绘制的该条圆弧如图 3.31 所示。

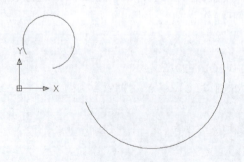

图 3.31　通过"圆心、起点、端点"命令绘制圆弧

(5)单击"菜单浏览器"按钮,选择"绘图"→"圆弧"→"继续"命令,根据命令行提示执行如下操作:

命令:ARC
指定圆弧的起点或[圆心(C)]:
指定圆弧的端点:@ 200<60↵

任务六　绘制矩形

在 AutoCAD 2010 中,使用▭(矩形)按钮可以绘制所需的矩形,绘制的矩形作为一个单一的对象。也可以通过指定两个对角点创建矩形,还可以使用长度和宽度尺寸等方式绘制矩形。

在"绘图"面板或"绘图"工具栏中单击▭(矩形)按钮,此时命令窗口的命令行出现如下提示:

命令:RECTANGLE
指定第一个角点或[倒角(C)/标高(E)/圆角(F)/厚度(T)/宽度(W)]:

各选项的功能含义如下:
(1)"第一个角点":指定矩形的第一个角点。
指定第一个角点后,命令窗口的当前命令行提示:

指定另一角点或[面积(A)/尺寸(D)/旋转(R)]:

此时,可以继续指定另一个角点创建矩形。也可以根据实际情况选择"面积""尺寸""旋转"选项创建矩形。如果在当前命令行中输入"A"选择"面积"选项,则使用面积与长度或宽度创建矩形;如果在命令行中输入"D"选择"尺寸"选项,则通过输入长度和宽度创建矩形;如果在命令行中输入"R"选择"旋转"选项,则通过按指定的旋转角度创建矩形。
(2)"倒角(C)":设置矩形的倒角距离。
(3)"标高(G)":确定矩形所在的平面高度。默认情况下,矩形在 xy 平面内(z 坐标值为0)。
(4)"圆角(C)":指定矩形的圆角半径。
(5)"厚度(T)":指定矩形的厚度。设置矩形的厚度后,绘制的矩形实际上是一个长方体。

单击"菜单浏览器"按钮,选择"视图"→"三维视图"子菜单中的某一个等轴测命令时,则可以看到"长方体"立体形状。
(6)"宽度(W)":为要绘制的矩形指定多段线的宽度。此设定的宽度值不影响绘制多段线。

【案例3-5】绘制图3.32所示具有圆角的矩形。
单击▭(矩形)按钮,根据命令提示进行如下操作:

命令:RECTANG
指定第一个角点或[倒角(C)/标高(E)/圆角(F)/厚度(T)/宽度(W)]:F↵

```
指定矩形的圆角半径(0.0000):3↙
指定第一个角点或[倒角(C)/标高(E)/圆角(F)/厚度(T)/宽度(W)]:0,0↙
指定另一角点或[面积(A)/尺寸(D)/旋转(R)]:↙
指定矩形的长度(10.0000):25↙
指定矩形的宽度(10.0000):16↙
指定另一角点或[面积(A)/尺寸(D)/旋转(R)]://在平面的第一象限角区域单击
```

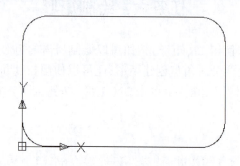

图 3.32 绘制具有圆角的矩形

任务七 绘制正多边形

AutoCAD 2010 允许绘制具有 3~1 024 条等长边的闭合多段线(正多边形)。绘制正多边形的方法有如下三种:按内接于圆的方式绘制、按外切于圆的方式绘制和按指定边长的方式绘制。

1. 按内接于圆的方式绘制正多边形

使用按内接于圆的方式绘制正多边形,需要指定外接圆的半径,正多边形的所有顶点都在此圆周上。换个角度来理解就是分别指定正多边形的中心点和任意一个顶点,便可以指定外接圆的半径。

按内接于圆的方式绘制正多边形的典型操作步骤如下:

(1)单击 ⬠ (正多边形)按钮,或者单击"菜单浏览器"按钮,选择"绘图"→"正多边形"命令。

(2)在命令窗口的命令行提示下,输入正多边形的边数。

(3)指定正多边形的中心。

(4)输入"I"以选择"内接于圆(I)"选项,按【Enter】键。

(5)指定圆的半径。

如果使用定点设备(如鼠标)指定半径,将可以决定正多边形的旋转角度和尺寸,系统自动捕捉旋转角度绘制正多边形的底边,如图 3.33 所示。

【案例 3-6】按内接于圆的方式绘制图 3.34 所示的正八边形。

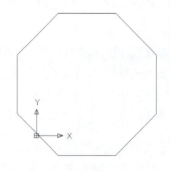

图 3.33 使用鼠标指定半径　　　　图 3.34 绘制正八边形

单击 ⬠（正多边形）按钮，根据命令窗口中的命令行提示执行如下操作：

命令：POLYGON
输入边的数目＜6＞:8↙
指定正多边形的中心点或[边(E)]:36,36↙
输入选项[内接于圆(I)/外切于圆(C)]＜I＞:↙
指定圆的半径:54↙

2. 按外切于圆的方式绘制正多边形

按外切于圆的方式绘制正多边形的典型操作步骤如下：

（1）单击 ⬠（正多边形）按钮，或者单击"菜单浏览器"按钮，选择"绘图"→"正多边形"命令。

（2）在命令窗口的命令行提示下，输入正多边形的边数。

（3）指定正多边形的中心。

（4）输入"C"以选择"外切于圆(C)"选项，按【Enter】键。

（5）指定圆的半径。

如果使用定点设备（如鼠标）指定半径，将决定正多边形的旋转角度和尺寸，系统以当前数值捕捉旋转角度绘制正多边形的底边。

【案例 3-7】按外切于圆的方式绘制图 3.35 所示的正六边形。

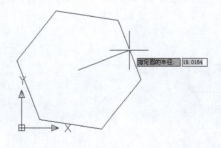

图 3.35 按外切于圆的方式绘制正六边形

单击⬡(正多边形)按钮,根据命令提示执行如下操作:

命令:POLYGON
输入边的数目 <4>:6↙
指定正多边形的中心点或[边(E)]:20,20↙
输入选项[内接于圆(I)/外切于圆(C)]<C>:c↙
指定圆的半径: //使用鼠标在如图3.35所示的位置处单击

3. 按指定边长的方式绘制正多边形

按指定边长的方式绘制正多边形的典型操作步骤如下:

(1)单击⬡(正多边形)按钮,或者单击"菜单浏览器"按钮,选择"绘图"→"正多边形"命令。
(2)在命令窗口的命令行提示下,输入边线数目。
(3)输入"E"以选择"边(E)"选项,按【Enter】键。
(4)指定正多边形一条边的端点。
(5)指定该边的另一个端点。

【案例3-8】按指定边长的方式绘制图3.36所示的正六边形。

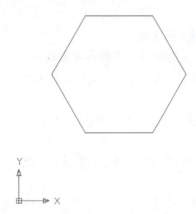

图3.36 按指定边长的方式绘制正六边形

单击⬡(正多边形)按钮,根据命令窗口的命令行提示执行如下操作:

命令:POLYGON
输入边的数目<5>:6↙
指定正多边形的中心点或[边(E)]:E↙
指定边的第一个端点:50,50↙
指定边的第二个端点:100,50↙

任务八　绘制椭圆和椭圆弧

单击"菜单浏览器"按钮,选择"绘图"→"椭圆"子菜单中用于绘制完整椭圆的命令:"圆心"和"轴、端点",椭圆弧的绘制命令也位于"绘图"→"椭圆"子菜单中;而"绘图"面板中也提供了绘制椭圆和椭圆弧的工具,如图 3.37 和图 3.38 所示。

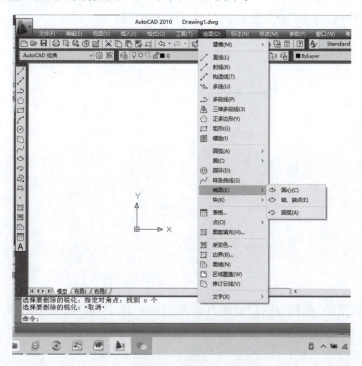

图 3.37　通过菜单绘制椭圆与椭圆弧

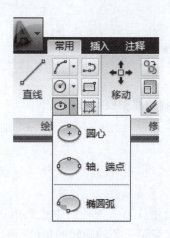

图 3.38　通过面板绘制椭圆与椭圆弧

1. 使用"圆心"命令绘制椭圆

使用"圆心(中心点)"命令绘制椭圆的典型操作步骤如下：

(1) 单击"菜单浏览器"按钮，选择"绘图"→"椭圆"→"圆心"命令。

(2) 指定椭圆的中心点。

(3) 指定其中一根轴的一个端点。

(4) 指定另一条半轴长度，或者选择"旋转"选项以指定绕第一条轴旋转的角度。

【案例 3-9】使用"圆心"命令绘制图 3.39 所示的椭圆。

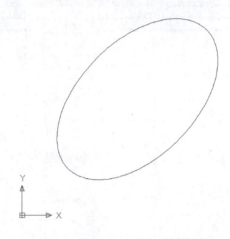

图 3.39　通过"圆心"命令绘制椭圆

单击"菜单浏览器"按钮，选择"绘图"→"椭圆"→"圆心"命令，根据命令行的提示执行如下操作：

```
命令:ELLIPSE
指定椭圆的轴端点或[圆弧(A)/中心点(C)]:_c
指定椭圆的中心点:50,50↙
指定轴的端点:80,80↙
指定另一条半轴长度或[旋转(R)]:25↙
```

2. 使用"轴、端点"命令绘制椭圆

使用"轴、端点"命令绘制椭圆的典型操作步骤如下：

(1) 单击"菜单浏览器"按钮，选择"绘图"→"椭圆"→"轴、端点"命令，或者在工具栏中单击 ◎▾ (椭圆)按钮。

(2) 指定椭圆的一个轴端点。

(3) 指定该轴的另一个端点。

(4) 指定另一条半轴长度(使用从第一条轴的中点到第三条轴的端点的距离定义第二条轴)，或者选择"旋转"选项以指定绕第一条轴旋转的角度(可以绕椭圆中心移动十字光标并单击来指定点，或输入一个小于 90°的正角度值，输入值越大，则椭圆的离心率就越大，当输入值为 0 时，将定义圆)。

【案例3-10】使用"轴、端点"命令绘制图3.40所示的椭圆。

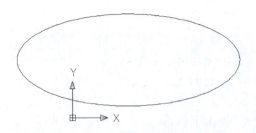

图3.40 通过"轴、端点"命令绘制椭圆

单击 （椭圆）按钮，根据命令行的提示执行如下操作：

```
命令:ELLIPSE
指定椭圆的轴端点或[圆弧(A)/中心点(C)]:10,10
指定轴的另一个端点:30,10
指定另一条半轴长度或[旋转(R)]:8
```

3. 绘制椭圆弧

单击"菜单浏览器"按钮，选择"绘图"→"椭圆"→"圆弧"命令，或者在"绘图"面板中单击 （椭圆弧）按钮，系统命令窗口中出现图3.41所示的命令提示，即此时可以指定椭圆弧的轴端点，也可以选择"中心点"选项。

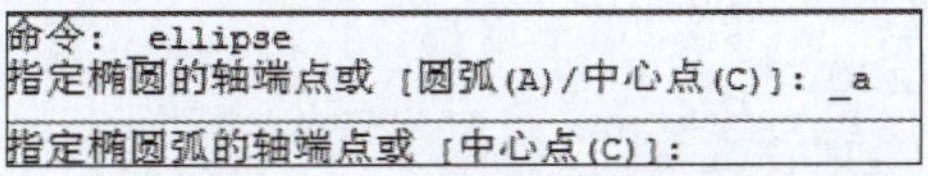

```
命令: ellipse
指定椭圆的轴端点或 [圆弧(A)/中心点(C)]: _a
指定椭圆弧的轴端点或 [中心点(C)]:
```

图3.41 命令窗口的命令行提示

在绘制椭圆弧的过程中，还需要确定从完整椭圆上截取所需的一段弧，例如指定圆弧的起始角度和终止角度，也可以指定圆弧的起始角度和包含角度（包含角度是相对于起始角度计算的，而不是从0基准处计算的），还可以选择指定使用参数化矢量方程式定义的起始参数和终止参数等。

【案例3-11】绘制图3.42所示的椭圆。

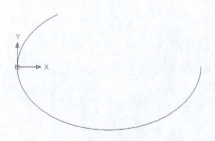

图3.42 绘制椭圆弧

单击"菜单浏览器"按钮,选择"绘图"→"椭圆"→"圆弧"命令,根据命令窗口的命令行提示执行如下操作:

```
命令:ELLIPSE
指定椭圆的轴端点或[圆弧(A)/中心点(C)]:_a
指定椭圆弧的轴端点或[中心点(C)]:0,0
指定轴的另一个端点:30,0
指定另一条半轴长度或[旋转(R)]:10
指定起始角度或[参数(P)]:-45
指定终止角度或[参数(P)/包含角度(I)]:180
```

绘制的椭圆弧如图3.42所示。注意椭圆弧默认以逆时针绘制。

【案例3-12】绘制图3.43所示的椭圆弧。

单击"菜单浏览器"按钮,选择"绘图"→"椭圆"→"圆弧"命令,根据命令窗口的命令行提示执行如下操作:

```
命令:ELLIPSE
指定椭圆的轴端点或[圆弧(A)/中心点(C)]:a
指定椭圆弧的轴端点或[中心点(C)]:C
指定椭圆弧的中心点:0,0
指定轴的端点:32,0
指定另一条半轴长度或[旋转(R)]:R
指定绕长轴旋转的角度:30
指定起始角度或[参数(P)]:30
指定终止角度或[参数(P)/包含角度(I)]:210
```

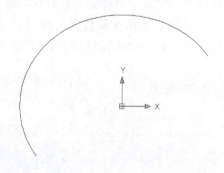

图3.43 绘制的椭圆

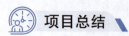 项目总结

本项目将主要介绍如何使用AutoCAD 2010绘制这些基本的二维图形:点、直线、射线、构造线、圆、圆弧、矩形、正多边形、椭圆以及椭圆弧。

项目实训

实训任务一　绘制一个起点为(0,0),长边为100,短边为70的闭合直线段的操作实例。
参考步骤:单击 ╱(直线)按钮,然后根据命令窗口的命令行提示执行下列操作:

```
命令:LINE
指定第一点:0,0↙
指定下一点或[放弃(U)]:100,0↙
指定下一点或[放弃(U)]:100,70↙
指定下一点或[闭合(C)/放弃(V)]:0,70↙
指定下一点或[闭合(C)/放弃(V)]:C↙
```

实训任务二　绘制一个具有圆角半径为5,长边为40,短边为30的矩形操作实例。
单击 ▢(矩形)按钮,根据命令提示进行如下操作:

```
命令:RECTANG
指定第一个角点或[倒角(C)/标高(E)/圆角(F)/厚度(T)/宽度(W)]:F↙
指定矩形的圆角半径(0.0000):5↙
指定第一个角点或[倒角(C)/标高(E)/圆角(F)/厚度(T)/宽度(W)]:0,0↙
指定另一角点或[面积(A)/尺寸(D)/旋转(R)]:↙
指定矩形的长度(10.0000):40↙
指矩形的宽度(10.0000):30↙
指定另一角点或[面积(A)/尺寸(D)/旋转(R)]:
```

实训任务三　用"轴、端点"命令绘制一个长轴为40,短轴为20的椭圆典型实例。
单击 ⬯(椭圆)按钮,根据命令行的提示执行如下操作:

```
命令:ELLIPSE
指定椭圆的轴端点或[圆弧(A)/中心点(C)]:10,10↙
指定轴的另一个端点:20,10↙
指定另一条半轴长度或[旋转(R)]:10↙
```

实训任务四　素材文件如图3.44(a)所示,使用CIRCLE命令将图3.44(a)修改为图3.44(b)所示样式。

```
命令:CIRCLE
指定圆的圆心或[三点(3P)/两点(2P)/切点、切点、半径(T)]:
from 基点:                          //捕捉A点,如图3.44(b)所示
<对象捕捉 开> <偏移>:
@30,30                              //输入相对坐标
指定圆的半径或[直径(D)]:15           //输入圆半径
```

```
命令:                              //重复命令
命令:CIRCLE
指定圆的圆心或[三点(3P)/两点(2P)/切点、切点、半径(T)]:_3p
指定圆上的第一个点:tan 到          //捕捉切点 B
指定圆上的第二个点:tan 到          //捕捉切点 C
指定圆上的第三个点:tan 到          //捕捉切点 D
命令:                              //重复命令
命令:CIRCLE
指定圆的圆心或[三点(3P)/两点(2P)/切点、切点、半径(T)]:t
指定对象与圆的第一个切点:          //捕捉切点 E
指定对象与圆的第二个切点:          //捕捉切点 F
指定圆的半径 <19.0019>:100         //输入圆半径
命令:
命令:CIRCLE
指定圆的圆心或[三点(3P)/两点(2P)/切点、切点、半径(T)]:t
指定对象与圆的第一个切点:          //捕捉切点 G
指定对象与圆的第二个切点:          //捕捉切点 H
指定圆的半径 <100.0000>:40         //输入圆半径
```

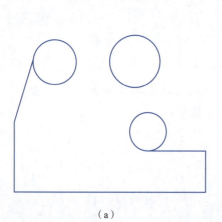
(a)

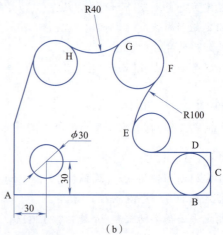
(b)

图 3.44 绘制圆及圆弧连接

修剪多余线条,结果如图 3.44(b)所示。

项目拓展

拓展任务一 利用基本绘图功能绘制图 3.45 所示图形。

拓展任务二 利用基本绘图功能绘制图 3.46 所示图形。

拓展任务三 利用 LINE 命令及点的坐标、对象捕捉命令绘制平面图形,如图 3.47 所示。

拓展任务四 利用 LINE、CIRCLE、OFFSET、TRIM 等命令绘制图 3.48 所示图形。

拓展任务五 利用 LINE、CIRCLE、OFFSET、TRIM 等命令绘制图 3.49 所示图形。

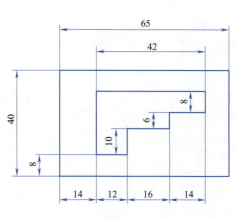

图 3.45 拓展任务一作业

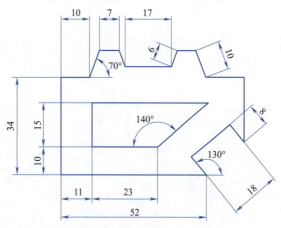

图 3.46 拓展任务二作业

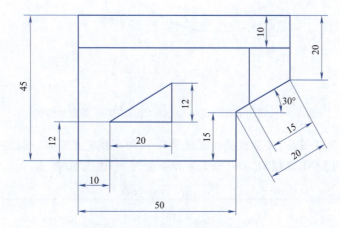

图 3.47 拓展任务三作业

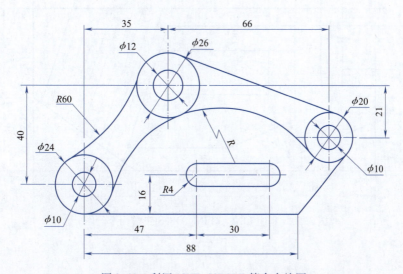

图 3.48 利用 LINE、CIRCLE 等命令绘图

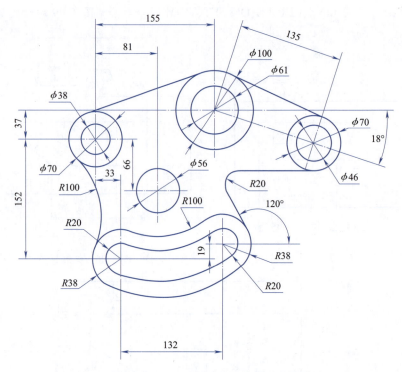

图 3.49　利用 LINE、CIRCLE、OFFSET、TRIM 等命令绘图

拓展任务六　创建图层,设置粗实线宽度为 0.7,细实线宽度默认。设定绘图区域大小为 1 500×1 500。利用 LINE、XLINE、OFFSET 等命令绘图,如图 3.50 所示。

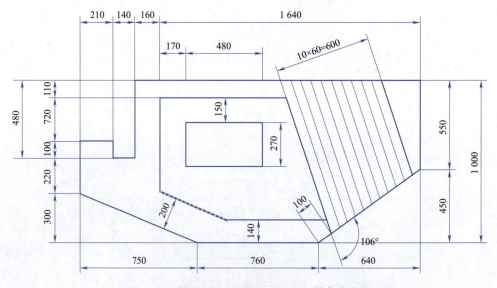

图 3.50　利用 LINE、XLINE、OFFSET 等命令绘图

项目四　二维图形的编辑

通过学习本项目,你将了解到:
(1)如何使用命令选择实体。
(2)如何使用复制命令进行阵列操作。
(3)如何使用两三个打断点切断实体。
(4)如何合并直线段以及合并和闭合曲线段。
(5)如何使用倒角命令按指定的距离或角度在一对相交直线上倒斜角,对封闭的多段线(包括正多边形、矩形)各直线交点处同时进行倒角。

项目说明

AutoCAD 2010 提供了多个编辑命令用来编辑和修改图形(又称实体),只有熟记它们的功能并合理选用它们,才能真正实现高效率的绘图。本项目中介绍绘制工程图中常用编辑命令的功能和操作方法。

项目准备

实体是指所绘工程图中的图形、文字、尺寸、剖面线等。用一个命令画出的图形或注写的文字,可能是一个实体,也可能是多个实体。例如,用 LINE 命令一次画出的 4 条线是 4 个实体,而用 PLINE 命令一次画出的 4 条线却是一个实体;用 DTEXT 命令一次所写的文字,每行都是一个实体,而用 MTEXT 命令所写的文字,无论多少行都是一个实体。

AutoCAD 所有的图形编辑命令都要求选择一个或多个实体进行编辑,此时,AutoCAD 会提示:

> 选择对象:(选择需编辑的实体)

当选择了实体之后,AutoCAD 用虚像醒目显示它们。每次选定实体后,"选择对象:"提示都会重复出现,直至按【Enter】键或右击结束选择。

AutoCAD 2010 提供了多种选择实体的方法,下面介绍常用的几种方式。

1. 直接点选方式

该方式一次只选一个实体。在出现"选择对象:"提示时,直接操作鼠标,让目标拾取框"□"移到所选取的实体上后单击,该实体变成虚像显示,表示被选中。

2. W 窗口方式

该方式选中完全在窗口内的所有实体。在出现"选择对象:"提示时,在默认状态下,可先给出窗口左边角点,再给出窗口右边角点,完全处于窗口内的实体变成虚像显示,表示被选中。

3. C 交叉窗口方式

该方式选中完全和部分在窗口内的所有实体。在出现"选择对象:"提示时,在默认状态下,可直接先给出窗口右边角点,再给出窗口左边角点,完全和部分处于窗口内的所有实体都变成虚像显示,表示被选中。

4. 栏选(Fence)方式

该方式可绘制若干条直线,它用来选中与所绘直线相交的实体。在出现"选择对象:"提示时,输入 F,再按提示给出直线的各端点(即栏选点),确定后即选中与这组直线相交的实体。

5. 扣除方式

该方式可撤销同一个命令中选中的任一个或多个实体。在出现"选择对象:"提示时,按住【Shift】键,然后用鼠标点选或窗选,可撤销已选中的实体。

6. 全选(ALL)方式

该方式选中图形中所有对象。在出现"选择对象:"提示时,输入 ALL 或 AL,确定后,图形中的所有实体即被选中。

任务一 复制对象

对于图形中任意分布的相同部分,绘图时可只画出一处,其他通过 COPY 命令复制绘制;对于图形中对称的部分,一般只画一半,然后用 MIRROR 命令复制出另一半;对于成行成列或在圆周上均匀分布的结构,一般只画出一处,其他用 ARRAY 命令复制绘制;对于已知间距的平行直线或类似的图形部分,可只画出一个,其他用 OFFSET 命令复制绘制。

1. 复制图形中任意分布的实体

用 COPY 命令可将选中的实体复制到指定位置,可进行任意次复制,如图 4.1 所示。复制命令中的基点是确定新复制实体位置的参考点,也就是位移的第 1 点。

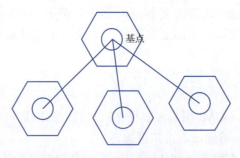

图 4.1 任意复制实例

【案例 4-1】用 COPY 命令将选中的实体复制到指定的位置。

1) 输入命令
- 工具栏:单击"修改"工具栏中的"复制"按钮 。
- 菜单栏:选择"修改"→"复制"命令。
- 命令行:在命令行中输入 COPY 或 CO。

2)命令的操作

命令:(输入命令)
选择对象:(选择要复制的实体)
选择对象:↙(也可继续选择)
当前设置:复制模式=多个 (信息行)
指定基点或[位移(D)/模式(O)]〈位移〉:(定基点)
第二个点或〈使用第一个点作为位移〉:(给点 A)(复制一组实体)
指定第二个点或[退出(E)/放弃(U)]〈退出〉:(再给点 B)(再复制一组实体)
指定第二个点或[退出(E)/放弃(U)]〈退出〉:(再给点 C)(再复制一组实体)
指定第二个点或[退出(E)/放弃(U)]〈退出〉:↙

说明:

(1)在"指定基点或[位移(D)/模式(O)]〈位移〉:"提示行中选择 D,可输入相对坐标来确定复制实体的位置。

(2)在"指定基点或[位移(D)/模式(O)]〈位移〉:"提示行中选择 O,可重新设定"单点"模式(默认值为"多点"模式)。

(3)在"指定第二个点或[退出(E)/放弃(U)]〈退出〉:"提示行中选择 E 或按【Enter】键,均可结束命令。

(4)在"指定第二个点或[退出(E)/放弃(U)]〈退出〉:"提示行中选择 U,可撤销命令中上一次的复制。

2. 镜像——复制图形中对称的实体

对于对称图形来说,用户只需绘制出图形的一半即可,另一半由 MIRROR 命令镜像出来。操作时,先指定要镜像的对象,再指定镜像线的位置即可。

MIRROR 命令将选中的实体按指定的镜像线作镜像,如图 4.2 所示。

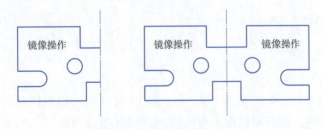

图 4.2 镜像示例

【案例 4-2】用 MIRROR 命令复制出与选中实体对称的实体。

1)输入命令

- 工具栏:单击"修改"工具栏中的"镜像"按钮。
- 菜单栏:选择"修改"→"镜像"命令。
- 命令行:在命令行中输入 MIRROR 或 MI。

2）命令的操作

命令：(输入命令)
选择对象：(选择要镜像的实体)
选择对象：✓
指定镜像线的第一点：(给镜像线上任意一点)
指定镜像线的第二点：(再给镜像线上任意一点)
是否删除源对象？[是(Y)/否(N)]〈N〉：✓
(按【Enter】键，即选 N(默认值)项，不删除原实体；输入 Y，将删除原实体)

3. 阵列——复制图形中规律分布的实体

用 ARRAY 命令可复制出成行、成列或在圆周上均匀分布的实体。阵列是指一次复制生成多个实体。该命令可以按指定的行数、列数及行间距、列间距进行矩形阵列，也可以按指定的阵列中心、阵列个数及包含角度进行环形阵列。

【**案例 4-3**】用 ARRAY 命令复制出图 4.3 所示的实体

1）输入命令

- 工具栏：单击"修改"工具栏中的"阵列"按钮 。
- 菜单栏：选择"修改"→"阵列"命令。
- 命令行：在命令行中输入 ARRAY 或 AR。

2）命令的操作

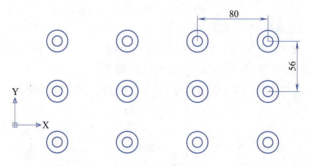

图 4.3 矩形阵列示例

输入 ARRAY 命令后，弹出"阵列"对话框，如图 4.4 所示。该对话框的设置方法如下：

(1) 选择阵列方式。选择对话框上方的"矩形阵列"单选按钮。

(2) 选择要阵列的实体。单击对话框右上角的"选择对象"按钮 返回图纸，同时命令提示区出现提示：

选择对象：(选择要阵列的实体)
选择对象：✓ （结束实体的选择，返回对话框）

(3) 输入阵列的行数和列数。在"行数"文本框中输入 3，在"列数"文本框中输入 4。

(4) 输入行偏移和列偏移。在"行偏移"文本框中输入 -56，在"列偏移"文本框中输入 80，在"阵列角度"文本框中输入 0。

(5)预览与完成阵列。单击"预览"按钮,可进入预览状态。如果不满意,则单击弹出对话框中的"修改"按钮,返回"阵列"对话框。修改后再预览,如果满意,则单击对话框中的"接受"按钮,完成阵列。

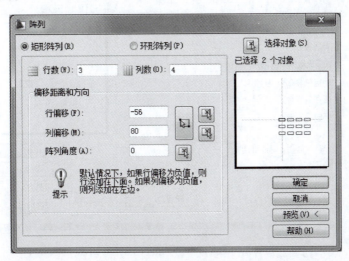

图 4.4 "阵列"对话框

说明:

①在"行偏移"文本框中输入正值将向右阵列,负值将向左阵列;在"列偏移"文本框中输入正值将向上阵列,负值将向下阵列。也可单击"行偏移"或"列偏移"文本框后的 按钮进入绘图状态,用鼠标指定两点,两点间的距离即为行间距(行偏移)或列间距(列偏移);或者单击 按钮进入绘图状态,用鼠标画出一个矩形窗口,矩形的长和高即为行间距和列间距,间距的正、负取决于鼠标所给矩形窗口两点的方向。

②在"阵列角度"文本框中输入非零数值,将形成斜向矩形阵列。

【**案例 4-4**】用 ARRAY 命令复制出图 4.5 所示的实体

输入命令后,AutoCAD 弹出"阵列"对话框。

(1)选中"环形阵列"单选按钮,如图 4.6 所示。

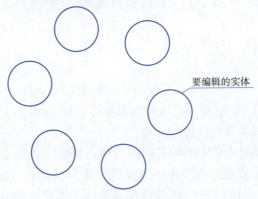

图 4.5 环形阵列示例

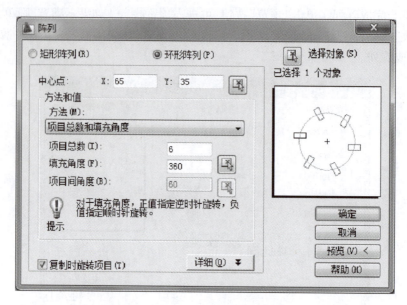

图 4.6　建立环形阵列的"阵列"对话框

(2)选择要阵列的实体。单击"选择对象"按钮进入绘图状态,同时命令提示区出现提示:

> 选择对象:(选择要阵列的实体)
> 选择对象:↙(结束实体选择返回对话框)

(3)指定环形阵列的中心。单击"中心点"行中的"拾取点"按钮返回图纸,用鼠标指定阵列中心;也可在 X 和 Y 文本框中输入阵列中心点的坐标值。

(4)输入阵列总数和角度。首先在"方法"下拉列表中选择输入阵列总数和角度的方式为"项目总数和填充角度"(填充角度即为包含角度,选择时,应根据图中的已知条件来定),然后在其下的"项目总数"文本框中输入 6,在"填充角度"文本框中输入 360。

(5)预览与完成阵列。单击"预览"按钮,进入预览状态。若不满意,则单击弹出对话框中的"修改"按钮,返回到"阵列"对话框。修改后再预览,直至满意为止,单击对话框中的"接受"按钮,完成阵列。

说明:

(1)阵列个数包括原实体。

(2)若选中"阵列"对话框左下角的"复制时旋转项目"复选框,则原实体在环形阵列时作相应的旋转;若不勾选该复选框,则原实体在环形阵列时只平移。

4. 偏移——复制生成图形中的类似实体

用 OFFSET 命令可复制生成图形中的类似实体。该命令将选中的直线、圆弧、圆及二维多段线等按指定的偏移量或通过点生成一个与原实体形状类似的新实体(单条直线则生成相同的新实体),新实体所在的图层可与原实体相同,也可绘制在当前图层上,如图 4.7 所示。

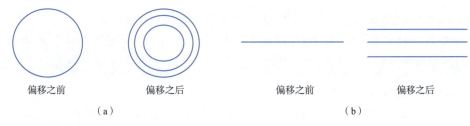

图 4.7 偏移示例

【案例 4-5】用 OFFSET 命令偏移图 4.7 所示的实体。

1) 输入命令
- 工具栏:单击"修改"工具栏中的"偏移"按钮。
- 菜单栏:选择"修改"→"偏移"命令。
- 命令行:在命令行中输入 OFFSET。

2) 命令的操作

(1) 给偏移距离方式。

> 命令:(输入命令)
> 当前设置:删除源=否　图层=源　OFFSETGAPTYPE=0　(信息行)
> 指定偏移距离,或[通过(T)/删除(E)/图层(L)]〈1.00〉:(给偏移距离)
> 选择要偏移的对象,或[退出(E)/放弃(U)]〈退出〉:(选择要偏移的实体)
> 指定要偏移的那一侧上的点,或[退出(E)/(多个(M)/放弃(U))]〈退出〉:(指定偏移方位)
> 选择要偏移的对象,或[退出(E)/放弃(U)]〈退出〉:(继续选择要偏移的实体或按【Enter】键结束命令)

再选择实体,将重复以上操作。

说明:

(1) 在"选择要偏移的对象,或[退出(E)/放弃(U)]〈退出〉:"提示行中选择 E 或按【Enter】键,将结束命令;选择 U,将撤销命令中上一次的偏移。

(2) 在"指定要偏移的那一侧上的点,或[退出(E)/(多个(M)/放弃(U))]〈退出〉:"提示行中,选择 M,AutoCAD 将连续提示"指定要偏移的那一侧上的点,或[退出(E)/放弃(U)](下一个对象):",可对一个实体连续进行多次偏移复制。

(3) 在"指定偏移距离或[通过(T)/删除(E)/图层(L)]〈1.00〉:"提示行中选择 E,按提示操作,可实现在偏移后将原对象删除;选择 L,按提示选择"当前",偏移生成的新实体将绘制在当前图层上。

(2) 给通过点方式。

> 命令:(输入命令)
> 当前设置:删除源=否　图层=源　OFFSETGAPTYPE=0　(信息行)
> 指定通过点或[通过(T)/删除(E)/图层(L)]〈1.00〉:T
> 选择要偏移的对象,或[退出(E)/放弃(U)]〈退出〉:(选择要偏移的实体)

> 指定通过点或[退出(E)/(多个(M)/放弃(U)]](给新实体的通过点)
> 选择要偏移的对象,或[退出(E)/放弃(U)]〈退出〉:(继续选择要偏移的实体或按【Enter】键结束命令)

再选择实体,可重复以上操作。

说明:该命令操作时,只能用直接点选方式选择实体,并且一次只能选择一个实体。

任务二 旋转对象

用 ROTATE 命令可将选中的实体绕指定的基点进行旋转,可用给旋转角方式,也可用参照方式。

用 ROTATE 命令将选中的实体绕指定的基点进行旋转

1. 输入命令

- 工具栏:单击"修改"工具栏中的"旋转"按钮 。
- 菜单栏:选择"修改"→"旋转"命令。
- 命令行:在命令行中输入 ROTATE。

2. 命令的操作

【案例 4-6】给旋转角方式旋转示例,如图 4.8 所示。

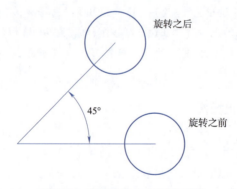

图 4.8 给旋转角方式旋转示例

> 命令:(输入命令)
> UCS 当前的正角方向:ANGDIR 逆时针 ANGBASE =0(信息行)
> 选择对象:(选择实体)
> 选择对象:↙
> 指定基点:(给基点 B)
> 指定旋转角度,或[复制(C)/参照(R)]〈0〉:45↙

该方式直接给旋转角度后,选中的实体将绕基点 B 按指定旋转角旋转。

说明:若在"指定旋转角度,或[复制(C)/参照(R)]〈0〉:"提示行中选择 C,可实现复制性旋转,即旋转后原实体仍然存在。

任务三 打断对象

用 BREAK 命令可打断实体,即擦除实体上的某一部分或将一个实体分成两部分。可以直接用两三个打断点来切断实体;也可先选择要打断的实体,再给两个打断点,如图4.9 所示。后者常用于第一个断点定位不准确,需要重新指定的情况。

【案例4-7】用 BREAK 命令打断实体。

1. 输入命令
- 工具栏:单击"修改"工具栏中的"打断"按钮。
- 菜单栏:选择"修改"→"打断"。
- 命令行:在命令行中输入 BREAK 或 BR。

2. 命令的操作

(1)直接给两个断点。

```
命令:(输入命令)
选择对象:(给打断点1)
指定第二个打断点或[第一点(F)]:(给打断点2)
```

(a)打断前   (b)打断后

图4.9 打断示例

(2)先选实体,再给两个断点。

```
命令:(输入命令)
选择对象:(选择实体)
指定第二个打断点或[第一点(F)]:F↙
指定第一个打断点:(给打断点1)
指定第二个打断点:(给打断点2)
```

说明:
① 在命令提示给第二个打断点时,若在实体外取一点,则删除打断点1与此点之间的那段实体。
② 在切断圆时,擦除的部分是从打断点1到打断点2之间逆时针旋转的部分。

(3)打断于点。

```
命令:(单击"修改"工具栏中的"打断于点"按钮)
选择对象:(选择实体)
指定第二个打断点或[第一点(F)]:-f(信息行)
```

指定第一个打断点:(给实体上的分解点)
指定第二个打断点:@　(信息行)

说明:

①结束命令后,被打断于点的实体以给定的分解点为界分解为两个实体,但外观上没有任何变化。

②在给实体上的分解点时,必须关闭对象捕捉。若打开对象捕捉,则在该命令中给实体上的分解点时,光标将先捕捉该实体的一端,然后移动光标至实体上的某点后单击,AutoCAD 2010将把拾取的端点与此点之间的那段实体删除,相当于使实体变短。

任务四　合并对象

用JOIN命令可将一条线上的多个直线段或多个圆弧连接合并为一个实体,也可将一个圆弧或椭圆弧闭合为完整的圆和椭圆,如图4.10所示。

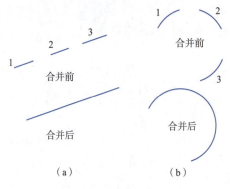

图4.10　合并示例

【案例4-8】用JOIN命令按照图4.10进行合并。

1. 输入命令

- 工具栏:单击"修改"工具栏中的"合并"按钮 ⊷。
- 菜单栏:选择"修改"→"合并"命令。
- 命令行:在命令行中输入JOIN或J。

2. 命令的操作

1)合并直线段

以图4.10(a)所示的图形为例,操作过程如下:

命令:(输入命令)
选择源对象:(选择直线段1作为源线段)
选择要合并到源的直线:(选择要合并的直线段2)
选择要合并到源的直线:(选择要合并的直线段3)

选择要合并到源的直线:↙(结束选择)
已将 2 条直线合并到源　(信息行)

说明:用多段线命令绘制的直线不能合并。

2）合并和闭合曲线段

以图 4.10(b)所示的图形为例,操作过程如下:

命令:(输入命令)
选择源对象:(选择圆弧段 1 作为源线段)
选择圆弧,以合并到源或进行[闭合(L)]:(选择要合并的圆弧段 2)
选择要合并到源的圆弧:↙(结束选择)
已将 1 个圆弧合并到源　(信息行)

说明:在"选择圆弧,以合并到源或进行[闭合(L)]:"提示行中选择 L,可使所选择的圆弧或椭圆弧闭合为完整的圆和椭圆。

任务五　倒角对象

用 CHAMFER 命令可按指定的距离或角度在一对相交直线上倒斜角,也可对封闭的多段线(包括正多边形、矩形)各直线交点处同时进行倒角。

1. 输入命令

- 工具栏:单击"修改"工具栏中的"倒角"按钮 ⌒。
- 菜单栏:选择"修改"→"倒角"命令。
- 命令行:在命令行中输入 CHAMFER。

2. 命令的操作

1）定倒角大小

当进行倒角时,首先要注意查看信息行中当前倒角的距离,如果不是所需要的,则应先选定倒角大小。该命令可用两种方法定倒角大小。

【**案例 4-9**】用 CHAMFER 命令按照图 4.11 进行倒角。

选择 D(距离)选项,通过指定两个倒角的距离确定倒角大小。两个倒角距离可相等,也可不相等,如图 4.11 所示。

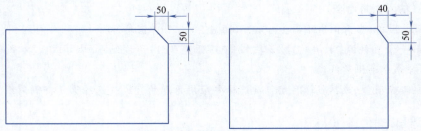

图 4.11　用倒角距离定倒角大小

其操作过程如下:

命令:(输入命令)
("修剪"模式)当前倒角距离 1 = 10.00,距离 2 = 10.00(信息行)
选择第一条直线或[放弃(U)/多段线(P)/距离(D)/角度(A)/修剪(T)/方式(E)/多个(M)]:D↙
指定第一倒角距离〈50.00〉:(给第一个距离)
指定第二倒角距离〈50.00〉:(给第二个距离)

【案例 4-10】用 CHAMFER 命令按照图 4.12 进行倒角。

选择 A(角度)选项,通过指定第一条线上的倒角距离和该线与斜线间的夹角来确定倒角大小,如图 4.12 所示。

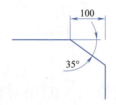

图 4.12　用夹角定倒角大小

其操作过程如下:

命令:(输入命令)
("修剪"模式)当前倒角距离 1 = 10.00,距离 2 = 10.00(信息行)
选择第一条直线或[放弃(U)/多段线(P)/距离(D)/角度(A)/修剪(T)/方式(E)/多个(M)]:A↙
指定第一条直线的倒角长度〈20〉:(给第一条倒角线上的倒角长度)
指定第一条直线的倒角度〈0〉:(给角度)

以上所定倒角大小将一直沿用,直到改变它。

2)单个倒角的操作

定倒角大小后,AutoCAD 退出该命令,处于待命状态。若要按指定的倒角大小给一对直线进行倒角,可按以下过程操作:

命令:(输入倒角命令)
("修剪"模式)当前倒角距离 1 = 5.00,距离 2 = 5.00(信息行)
选择第一条直线或[放弃(U)/多段线(P)/距离(D)/角度(A)/修剪(T)/方式(E)/多个(M)]:(选择第一条倒角线)
选择第二条直线,或按住【Shift】键选择要应用角点的直线:(选择第二条倒角线)

3)多段线倒角的操作

【案例 4-11】用 CHAMFER 命令按照图 4.13 进行倒角。

命令:(输入倒角命令)
("修剪"模式)当前倒角距离 1=10.00,距离 2=5.00(信息行)
选择第一条直线或[放弃(U)/多段线(P)/距离(D)/角度(A)/修剪(T)/方式(E)/多个(M)]:D↙
　　指定第一倒角距离<0.00>:4↙
　　指定第二倒角距离<0.00>:4↙
命令:↙(启用上次命令)
选择第一条直线或[放弃(U)/多段线(P)/距离(D)/角度(A)/修剪(T)/方式(E)/多个(M)]:P↙
　　选择二维多段线:(选择多段线)

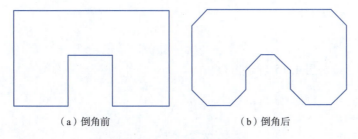

（a）倒角前　　　　　　　　　（b）倒角后

图 4.13　多段线倒角示例

4）其他

选择 U:撤销命令中上一步的操作。

选择 T:控制是否保留所切的角,包括"修剪"和"不修剪"两个控制选项,效果如图 4.14 所示。

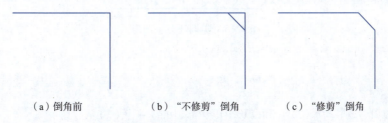

（a）倒角前　　　　　（b）"不修剪"倒角　　　　　（c）"修剪"倒角

图 4.14　"修剪"选项应用效果

选择 E:控制指定倒角大小的方式。

选择 M:可连续执行单个倒角的操作。

任务六　分解对象

用 EXPLODE 命令可将多段线或含多项内容的一个实体分解成若干个独立的实体。

1. 输入命令

- 工具栏:单击"修改"工具栏中的"分解"按钮。
- 菜单栏:选择"修改"→"分解"命令。

● 命令行:在命令行中输入 EXPLODE。

2. 命令的操作

命令:(输入命令)
选择对象:(选择要分解的实体)
选择对象:(继续选择实体或按【Enter】键结束命令)

 项目总结

任何复杂的二维图形都可以看成是由若干基本二维图形组合或编辑而成的。在绘制好所需要的基本二维图形后,可以执行 AutoCAD 提供的修改工具进行相关的编辑修改工作,以最终获得满足设计要求的图形效果。本项目中介绍了选择对象、复制、移动、旋转、打断、合并、倒角、分解操作。

 项目实训

实训任务一 绘制图 4.15 所示图形。

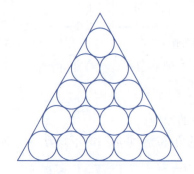

图 4.15 实训任务一图形

参考步骤:

命令:CIRCLE
指定圆的圆心或[三点(3P)/两点(2P)/切点、切点、半径(T)]:
指定圆的半径或[直径(D)]:
命令:ARRAY
指定列间距:
第二点:
选择对象:找到 1 个   //阵列设置及阵列后效果如图 4.16 所示
选择对象:
命令:
命令:ARRAY
选择对象:
指定对角点:找到 5 个

选择对象:∥阵列设置及阵列后效果如图 4.17 所示
命令:
命令:XLINE
指定点或[水平(H)/垂直(V)/角度(A)/二等分(B)/偏移(O)]:
∥捕捉切点绘制切线
指定通过点:
指定通过点:
命令:
命令:TRIM∥修剪多余的线,结果如图 4.15
当前设置:投影=UCS,边=无
选择剪切边...
选择对象或 <全部选择>:
选择要修剪的对象,或按住【Shift】键选择要延伸的对象,或
[栏选(F)/窗交(C)/投影(P)/边(E)/删除(R)/放弃(U)]:
指定对角点:
选择要修剪的对象,或按住【Shift】键选择要延伸的对象,或
[栏选(F)/窗交(C)/投影(P)/边(E)/删除(R)/放弃(U)]:
指定对角点:
选择要修剪的对象,或按住【Shift】键选择要延伸的对象,或
[栏选(F)/窗交(C)/投影(P)/边(E)/删除(R)/放弃(U)]:
指定对角点:
选择要修剪的对象,或按住【Shift】键选择要延伸的对象,或
[栏选(F)/窗交(C)/投影(P)/边(E)/删除(R)/放弃(U)]: *取消*
命令:

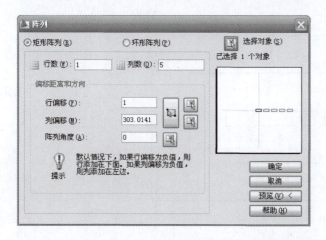

图 4.16　矩形阵列 1

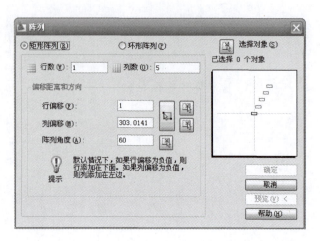
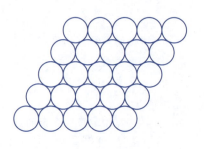

图 4.17 矩形阵列 2

实训任务二 将矩形的右上角用倒角命令变为一边为 10 另一边为 20 的倒角。

首先绘制一个边长为 150×100 的矩形,然后输入倒角命令:

> 命令:(输入倒角命令)
> 选择第一条直线或[放弃(U)/多段线(P)/距离(D)/角度(A)/修剪(T)/方式(E)/多个(M)]:D↙
> 指定第一个倒角距离<0.0000>:10↙
> 指定第二个倒角距离<10.0000>:20↙
> 选择第一条直线或[放弃(U)/多段线(P)/距离(D)/角度(A)/修剪(T)/方式(E)/多个(M)]:选择矩形的第一条边↙
> 选择第二条直线,或按住【Shift】键选择要应用角点的直线:选择矩形的第二条边↙

实训任务三 使用偏移命令将一个矩形偏移为图 4.18 所示的图形,矩形间的距离为 100。

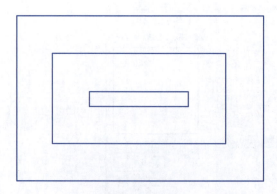

图 4.18 实训任务三

首先绘制一个 500×400 的矩形,然后输入偏移命令:

命令:(输入命令)
指定偏移距离或[通过(T)/删除(E)/图层(L)]〈1.00〉:100↵
选择要偏移的对象,或[退出(E)/放弃(U)]〈退出〉:(选择要偏移的实体)
指定要偏移的那一侧上的点,或[退出(E)/(多个(M)/放弃(U))]〈退出〉:(指定偏移方位)
选择要偏移的对象,或[退出(E)/放弃(U)]〈退出〉:(选择要偏移的实体)
指定要偏移的那一侧上的点,或[退出(E)/(多个(M)/放弃(U))]〈退出〉:(指定偏移方位)

项目拓展

拓展任务一 利用倒角命令绘制图 4.19 所示图形。
拓展任务二 利用基本编辑命令绘制图 4.20 所示图形。
拓展任务三 利用偏移命令绘制图 4.21 所示图形。

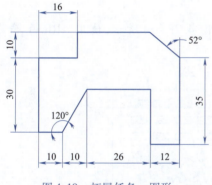

图 4.19 拓展任务一图形

图 4.20 拓展任务二图形

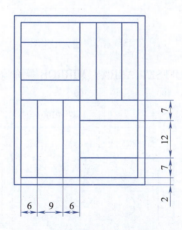

图 4.21 拓展任务三图形

拓展任务四 绘制图 4.22 所示的平面图形,实际演练 MOVE 命令及 COPY 命令,并学会利用这两个命令构造图形的技巧。

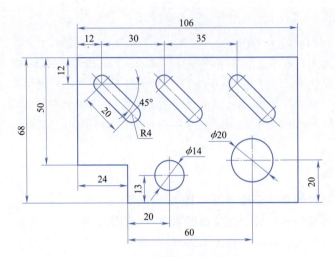

图 4.22　拓展任务四图形

拓展任务五　打开素材文件 dwg\4-1.dwg,如图 4.23(a)所示,使用 ARRAY 命令将图 4.23(a)修改为图 4.23(b)所示样式。

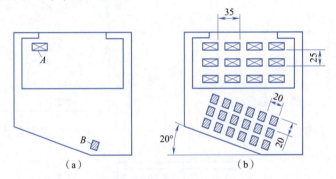

图 4.23　拓展任务五图形

拓展任务六　使用 CIRCLE、OFFSET、ARRAY、MIRROR 等命令分图层绘制图 4.24 所示图形。

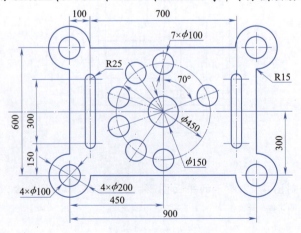

图 4.24　拓展任务六图形

拓展任务七 使用 CIRCLE、OFFSET、ARRAY 等命令绘制图 4.25 所示图形。

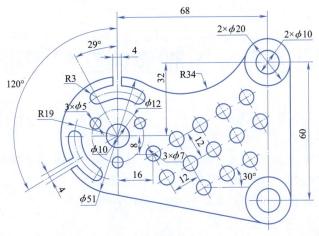

图 4.25 拓展任务七图形

项目五　绘制复杂二维图形

通过学习本项目,你将了解到:
(1)绘制圆环命令的三种方式。
(2)多线样式的创建和保存,元素的颜色、线型设置,显示和隐藏多线的连接操作等。
(3)直线段、弧线段的创建,以及两者的组合线段操作。
(4)样条曲线的功能和作用,以及绘制与编辑样条曲线。

项目说明

AutoCAD 2010 提供了多个编辑命令用来编辑和修改较为复杂的图形实体,合理地选用它们,能够绘制一些较为复杂的二维图形,如圆环、多线、多段线、样条曲线等。

项目准备

使用"绘图"菜单中的命令除了可以绘制点、直线、圆、圆弧、多边形等简单二维图形对象,还可以绘制多线、多段线和样条曲线等复杂二维图形对象。

在 AutoCAD 中,面域和图案填充也属于二维图形对象,其中,面域是具有边界的平面区域,它是一个面对象,内部可以包含孔;图案填充是一种使用指定线条图案充满指定区域的图形对象,常常用于表达剖切面和不同类型物体对象的外观纹理。

任务一　绘制圆环

圆环由一对同心圆组成,实际上就是一种呈圆形封闭的多段线。绘制圆环也是创建填充圆环或实体圆形的一种便捷的操作方法。操作时可以通过以下方式调用绘制圆环命令:

(1)在命令行中输入 Donut(或 DO)命令,按【Enter】键确定。
(2)单击"菜单浏览器"按钮,选择"绘图"→"圆环"命令。
(3)在"功能区"选项板中选择"常用"选项卡,在"绘图"面板中单击"圆环"按钮◎。

启动命令后,在命令提示区显示提示信息。即提示先后输入圆环内径和外径的数值,之后在"指定圆环的中心点或 <退出>:"提示下,用光标在适当的位置拾取一点,即可在指定中心绘制出一个指定内径和外径的圆环。

绘制圆环时,输入的外径值必须大于内径值。执行"圆环"命令后,当系统出现"指定圆环的内径 <0.5000>:"提示时直接输入"0"将绘制出一个实心圆。

【案例 5-1】绘制图 5.1 所示圆环。

图 5.1　绘制圆环

```
命令:donut
指定圆环的内径<0.5000>:8↙
指定圆环的外径<1.0000>:12↙
指定圆环的中心点或<退出>:50,50↙
指定圆环的中心点或<退出>:↙
```

任务二　绘制与编辑多线

"多线"是指由多重平行线组成的线型。在 AutoCAD 中,多线可包含 1～16 条平行线,这些平行线称为元素。通过指定距多线初始位置的偏移量可以确定元素的位置,如建筑平面图中用来表示墙的双线就可以用多线绘制。此外,用户还可以创建和保存多线样式,或设置每个元素的颜色、线型,以及显示和隐藏多线的连接等。

1. 绘制多线

绘制多线和绘制直线类似。单击"菜单浏览器"按钮,选择"绘图"→"多线"命令,即可绘制多线,此时系统会给出如下提示:

```
命令:mline
当前设置:对正=上,比例=20.00,样式=STANDARD
指定起点或[对正(J)/比例(S)/样式(ST)]
```

这些选项的含义如下:

(1)对正:选择该选项可以控制绘制多线时采用何种偏移(相对于光标所在位置或基准线),对正类型包括上、无和下。

(2)比例:选择该选项可以控制多线之间的距离。

(3)样式:用于设置多线的线型。

2. 设置多线样式

在 AutoCAD 中,可以创建多线的命名样式以控制图元的数量、背景填充、封口以及每个图元的特性。设置多线样式的操作步骤如下:

(1)单击"菜单浏览器"按钮,选择"格式"→"多线样式"命令,弹出"多线样式"对话框,如图 5.2 所示。

（2）在"样式"编辑框中可以选择一种已装入的多线线型，将其置为当前状态。如果没有找到合适的样式，可单击"加载"按钮，弹出"加载多线样式"对话框，从中加载更多的多线样式，如图5.3所示。

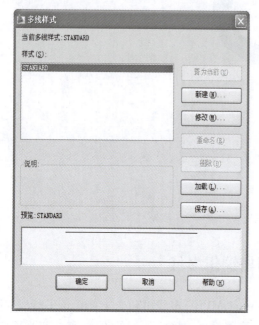

图5.2　"多线样式"对话框　　　　　　　　图5.3　"加载多线样式"对话框

（3）单击"多线样式"对话框中的"新建"按钮，弹出"创建新的多线样式"对话框，在"新样式名"编辑框中输入新样式名称，如图5.4所示，单击"继续"按钮，弹出"新建多线样式"对话框，在"说明"编辑框中为样式添加说明，然后单击"确定"按钮。其中说明文字是可选的，最多允许输入255个字符，包括空格在内，如图5.5所示。

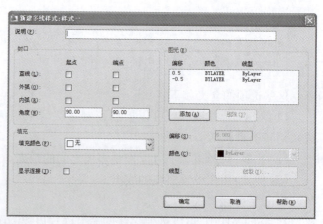

图5.4　"创建新的多线样式"对话框　　　　图5.5　"新建多线样式"对话框

（4）在"多线样式"对话框中单击"置为当前"按钮，可设置用于后续创建的多线的当前多线样式。也可以从"样式"列表框中选择一个名称,然后单击"置为当前"按钮即可。

注意:不能将外部参照中的多线样式设置为当前样式。

(5)如果要向样式中添加图元或者修改现有的图元,则可单击"多线样式"对话框中的"修改"按钮,弹出"修改多线样式"对话框,如图5.6所示。

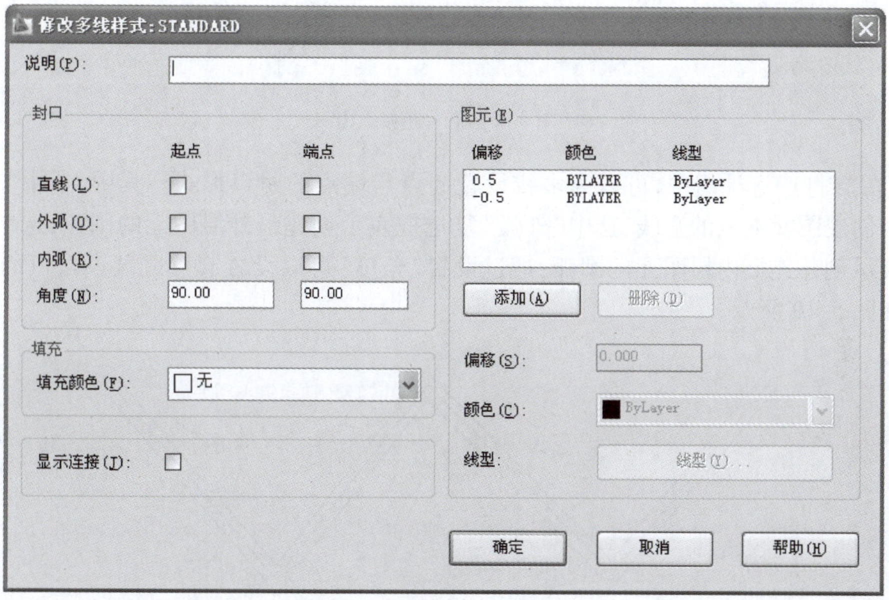

图5.6 "修改多线样式"对话框

注意:不能编辑STANDARD多线样式或图形中正在使用的任何多线样式的图元和多线特征。要编辑现有多线样式,必须在使用该样式绘制任何多线之前进行。

在"修改多线样式"对话框中可以进行如下设置:

(1)在"图元"选项组中选中图元,利用下面的编辑区可以修改图元的"偏移""颜色""线型"。

(2)单击"添加"按钮可以添加新图元,并可利用下面的编辑区修改新图元的"偏移""颜色""线型"。

(3)在"图元"列表中选中要删除的图元,然后单击"删除"按钮即可删除现有图元。

(4)选中"显示连接"复选框,可以在多线顶点处显示直线,如图5.7和图5.8所示。

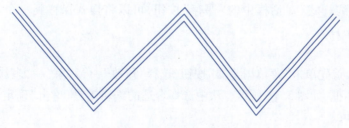

图5.7 显示连接关闭

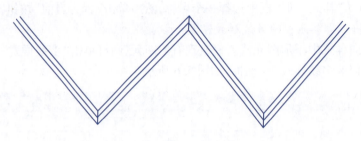

图 5.8　显示连接打开

(5)在"封口"选项组中,可以为多线设置起点与端点的封口形式。其中,选中"直线"复选框表示创建图元端点的直线;选中"外弧"复选框表示创建最外层图元的圆弧;选中"内弧"复选框表示创建连接内层图元的圆弧;通过设置"角度"可以设置起点或端点封口的角度,如图 5.9 和图 5.10 所示。

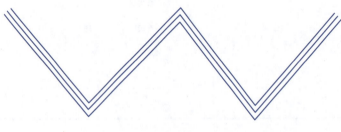

图 5.9　封口无"直线"

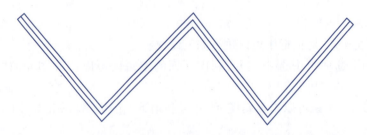

图 5.10　封口有"直线"

(6)在"填充"选项组中,可以通过右侧的下拉列表设置填充颜色。

(7)单击"多线样式"对话框中的"保存"按钮,可以将样式保存到一个多线样式文件中(默认为 acad.mln)。

3. 编辑多线

要编辑多线,首先单击"菜单浏览器"按钮,选择"修改"→"对象"→"多线"命令,弹出"多线编辑工具"对话框,如图 5.11 所示。从中选择合适的编辑工具,单击"确定"按钮,然后选择要编辑的多线即可。

从图中可以看出,多线编辑工具主要有十字形、T 形、角点和剪切等工具,这些工具的特点如下:

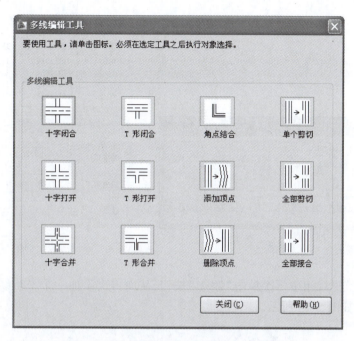

图 5.11　多线编辑工具

（1）十字形工具用于消除各种相交线。

（2）T形工具也用于消除相交线。

（3）角点结合工具┗┛除用于消除相交线外，还可以消除多线一侧的延伸线，从而形成直角。

（4）使用添加顶点工具可以在多线上增加多个顶点，然后通过调节顶点的位置改变多线的形状。

（5）使用删除顶点工具可以从有3个或更多顶点的多线上删除顶点，从而拉直多线。

（6）剪切工具用于切断多线。其中，单个剪切工具用于切断多线中的某一条，这时只要拾取要切断的图元上的两点即可删除两点之间的连线；全部剪切工具用于切断整条多线。

（7）全部接合工具用于接合所选两点间的任何切断部分。

【案例5-2】创建自定义多线。

（1）新建一个图形文件，单击"菜单浏览器"按钮，选择"格式"→"多线样式"命令，弹出"多线样式"对话框。

（2）默认的多线样式为STANDARD样式。在"多线样式"对话框中单击"新建"按钮，弹出"创建新的多线样式"对话框。

（3）在"创建新的多线样式"对话框的"新样式名"文本框中输入"BC-ML-1"，如图5.12所示，单击"继续"按钮。

（4）系统弹出"创建多线样式"对话框。在"图元"选项组中两次单击"添加"按钮，以添加两个平行线元素，然后选中其中一个新元素，在其"偏移"文本框中输入"1"，如图5.13所示。

图 5.12　输入新样式名 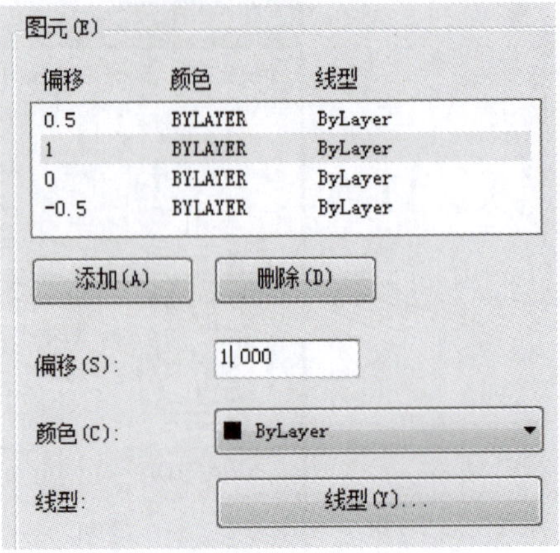　　　　图 5.13　添加平行线元素

(5)在"图元"选项组中再次单击"添加"按钮,从而再次添加一个平行线元素,并将其偏移值设置为 -1,如图 5.14 所示。

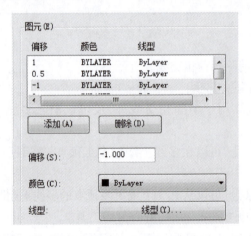

图 5.14　再添加一个平行线元素

(6)在"封口"选项组中选中"内弧"的"起点"复选框和"外弧"的"端点"复选框,如图 5.15 所示。

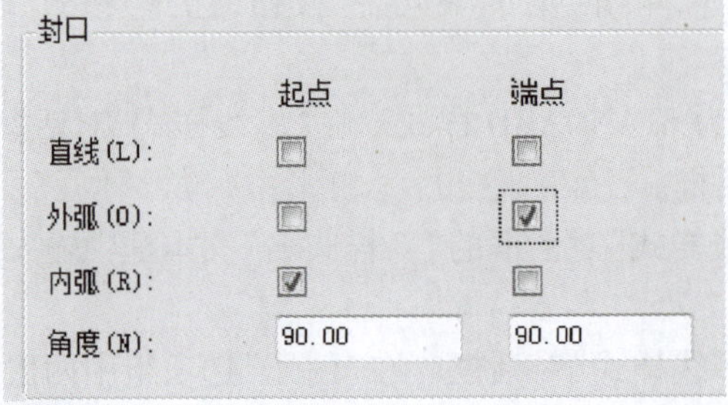

图 5.15　设置封口选项

(7)在"填充"选项组中,从"填充颜色"下拉列表框中选择"红"选项,如图 5.16 所示。

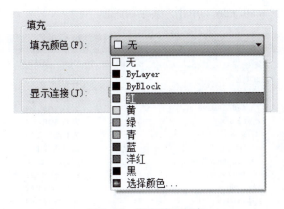

图 5.16　指定填充颜色

(8)在"说明"文本框中输入文本为"5 条平行线的多线,起点为内弧封口,终点为外弧封口,红色填充",如图 5.17 所示。

图 5.17　输入该多线样式说明

(9)在"新建多线样式"对话框中单击"确定"按钮,返回到"多线样式"对话框,如图 5.18 所示。

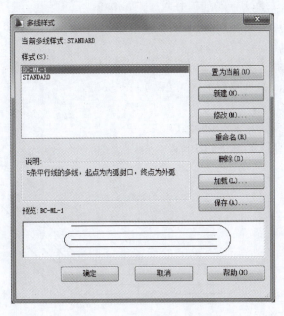

图 5.18　"多线样式"对话框

（10）在"多线样式"对话框中单击"保存"按钮,弹出图 5.19 所示的"保存多线样式"对话框,默认保存的文件名为"acad.mln",单击"保存"按钮。

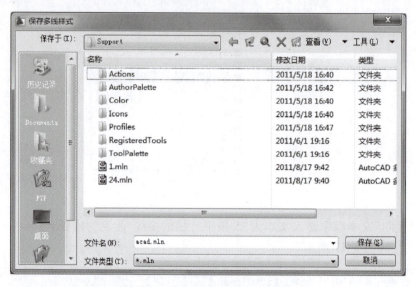

图 5.19　"保存多线样式"对话框

（11）在"多线样式"对话框中单击"确定"按钮。

（12）单击"菜单浏览器"按钮,选择"绘图"→"多线"命令,然后根据命令行的提示执行如下操作,创建的多线如图 5.20 所示。

```
命令:_mline
当前设置:对正＝上,比例＝20.00,样式＝STANDARD
指定起点或[对正(J)/比例(S)/样式(ST)]:ST✓
输入多线样式名或[?]:BC-ML-1✓
当前设置:对正＝上,比例＝20.00,样式＝BC-ML-1
指定起点或[对正(J)/比例(S)/样式(ST)]:80,50✓
指定下一点:@150＜0✓
指定下一点或[放弃(U)]:@108＜45✓
指定下一点或[闭合(C)/放弃(U)]:✓
```

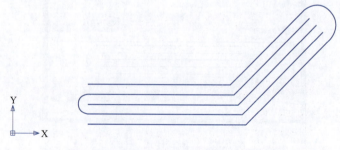

图 5.20　绘制的多线

任务三　绘制与编辑多段线

多段线是作为单个对象创建的相互连接的序列线段。可以创建直线段、弧线段或两者的组合线段。多段线提供单个直线所不具备的编辑功能。例如，可以调整多段线的宽度和曲率。

1. 绘制多段线

绘制多段线时，可以绘制直线段或圆弧，设置各线段的宽度，使线段的始末端点具有不同的线宽，或者封闭多段线。在多段线中，圆弧的起点是前一个线段的端点，可以通过指定角度、圆心、方向或半径创建圆弧。

在 AutoCAD 2010 中，有以下两种方法可以绘制多段线：

（1）单击"菜单浏览器"按钮，选择"绘图"→"多段线"命令。

（2）在"功能区"选项板中选择"常用"选项卡，在"绘图"面板中单击"多段线"按钮。

2. 多段线绘制要点

当使用多段线绘制图形时，其命令行显示如下提示信息：

> 命令：PLINE
> 指定起点：
> 当前线宽为 0.0000
> 指定下一点或［圆弧(A)/闭合(C)/半宽(H)/长度(L)/放弃(U)/宽度(W)］：

各选项的含义如下：

（1）圆弧（A）：用于从直多段线切换到圆弧多段线，并显示一些提示选项。

（2）闭合（C）：用于封闭多段线（用直线或圆弧）并结束"多段线"命令，该选项从指定第 3 点时才开始出现。

（3）半宽（H）：设置多段线的半宽。

（4）长度（L）：用于设定新多段线的长度。如果前一段是直线，延长方向则与该线相同；如果前一段是弧，延长方向则为端点处弧的切线方向。

（5）放弃（U）：用于取消前面刚绘制的一段多段线，可逐次回溯。

（6）宽度（W）：用于设定多段线线宽，默认值为 0。对多段线的初始宽度和结束宽度可分别设置不同的值，从而绘制出诸如箭头之类的图形。

当输入 A 绘制圆弧时，其命令行显示如下提示信息：

> 指定圆弧的端点或［角度(A)/圆心(CE)/方向(D)/半宽(H)/直线(L)/半径(R)/第二个点(S)/放弃(U)/宽度(W)］：

各选项的含义如下：

（1）角度（A）：提示用户指定圆弧包含角度，顺时针为负。

（2）圆心（CE）：提示指定圆弧中心。

（3）方向（D）：提示用户指定圆弧的起点切线方向。

（4）半宽（H）和宽度（W）：设定多段线半宽和全宽。

(5)直线(L):切换回直线绘制模式。
(6)半径(R):提示输入圆弧的半径。
(7)放弃(U):取消上一次选项的操作。
(8)第二个点(S):选择三点圆弧中的第二点。

3. 编辑多段线

创建多段线之后,可以通过以下三种方法编辑多段线。
(1)单击"菜单浏览器"按钮,选择"修改"→"对象"→"多段线"命令。
(2)在"功能区"选项板中选择"常用"选项卡,在"修改"面板中单击"编辑多段线"按钮 ⌒。
(3)直接在绘制的多段线对象上双击。
执行该命令后,命令行显示如下信息。

> 命令:PEDIT
> 输入选项[闭合(C)/合并(J)/宽度(W)/编辑顶点(E)/拟合(F)/样条曲线(S)/非曲线化(D)/线性生成(L)/放弃(U)]:

各选项的含义如下:
(1)闭合(C)/打开(O):如果多段线是打开的,提示则为"闭合(C)",选择该选项将增加一段连接始末端点的直线以生成封闭多段线;如果多段线是封闭的,提示则为"打开(O)",选择此选项将打断多段线。此时即使始末点看似封闭,但实际上已被打断,要重新封闭它则必须使用"闭合(C)"选项。
(2)合并(J):只用于 2D 多段线,可以把其他圆弧、直线、多段线连接到已有多段线上,不过连接端点必须精确重合。
(3)宽度(W):只用于 2D 多段线,提示指定多段线宽度。新宽度值输入后,先前生成的宽度不同的多段线都将用该宽度值替换。但是,用户可以用"编辑顶点"子选项编辑单段线宽。
(4)编辑顶点(E):提供一组子选项,使用户能编辑顶点及与顶点相邻的线段(参见下面的解释)。
(5)拟合(F):创建圆弧拟合多段线(由圆弧连接每对顶点的平滑曲线),该曲线通过多段线的所有顶点并使用指定的切线方向。
(6)样条曲线(S):生成由多段线顶点控制的样条曲线,该曲线并不一定通过这些顶点,样条类型和分辨率由系统变量控制。
(7)非曲线化(D):取消拟合或样条曲线,回到初始状态。
(8)线性生成(L):用于控制非连续线型多段线顶点处的线型。如果"线性生成"为"关",在多段线顶点处则采用连续线型,否则在多段线顶点处则采用多段线自身的非连续线型。
(9)放弃(U):取消最后的编辑功能。
在多段线编辑提示下输入 E 并按【Enter】键将进入顶点编辑状态,此时系统将把当前顶点标记为 X 并给出如下提示,如图 5.21 所示。

输入顶点编辑选项[下一个(N)/上一个(P)/打断(B)/插入(I)/移动(M)/重生成(R)/拉直(S)/切向(T)/宽度(W)/退出(X)]<N>

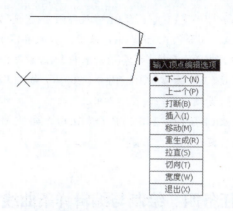

图 5.21 编辑多段线

各选项含义如下：

（1）下一个(N)/上一个(P)：移动 X 标记到新顶点上，初始默认值为 N(下一个)。

（2）打断(B)：将多段线一分为二，或删除一段多段线。其中，第一个打断点为选择"打断"选项时的当前顶点，接下来可以选择"下一个(N)/上一个(P)"移动顶点标记，最后输入 G 完成打断。

（3）插入(I)：在当前顶点与下一个顶点之间插入一个新顶点。

（4）移动(M)：移动当前顶点到指定位置。

（5）重生成(R)：重新生成多段线以观察编辑效果，如宽度变化等。

（6）拉直(S)：删除当前顶点与所选顶点之间的所有顶点，并用直线段代替原线段。

（7）切向(T)：调整当前标记顶点处的切向方向以控制曲线的拟合形状。

（8）宽度(W)：设置当前顶点与下一个顶点之间多段线的始末宽度。

（9）退出(X)：结束顶点编辑，返回 PEDIT 提示。

【案例 5-3】绘制图 5.22 所示多段线。

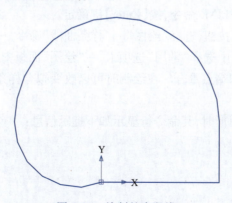

图 5.22 绘制的多段线

```
命令:PLINE↙
指定起点:0,0↙
当前线宽为 0.0000
指定下一个点或[圆弧(A)/半宽(H)/长度(L)/放弃(U)/宽度(W)]:20,0↙
指定下一个点或[圆弧(A)/闭合(C)/半宽(H)/长度(L)/放弃(U)/宽度(W)]:20,10↙
指定下一个点或[圆弧(A)/闭合(C)/半宽(H)/长度(L)/放弃(U)/宽度(W)]:A↙
指定圆弧的端点或[角度(A)/圆心(CE)/闭合(CL)/方向(D)/半宽(H)/直线(L)/半径(R)/第二个点(S)/放弃(U)/宽度(W)]:@ 35<180↙
指定圆弧的端点或[角度(A)/圆心(CE)/闭合(CL)/方向(D)/半宽(H)/直线(L)/半径(R)/第二个点(S)/放弃(U)/宽度(W)]:CL↙
```

任务四 绘制与编辑样条曲线

在 AutoCAD 中,使用 SPLINE 命令创建的样条曲线是非均匀分布的样条曲线(NURBS),它是通过拟合数据点绘制而成的光滑曲线。样条曲线适用于创建形状不规则的曲线,如机械零件图中的折断线等。

1. 平滑多段线与样条曲线的区别

在 AutoCAD 中,可以通过编辑多段线生成平滑多段线。它们近似与样条曲线,但与之相比,真正的样条曲线有以下三个优点:

(1)通过对曲线路径上的一系列点进行平滑拟合,可以创建样条曲线。在进行二维制图或三维建模时,使用这种方法创建的曲线边界远比多段线精确。

(2)使用 SPLINEDIT 命令或夹点可以很容易地编辑样条曲线,并保留样条曲线定义。如果使用 PEDIT 命令编辑就会丢失这些定义,而成为平滑多段线。

(3)带有样条曲线的图形比带有平滑多段线的图形占据的磁盘空间和内存要小。

2. 创建样条曲线

使用"样条曲线"命令可以通过指定坐标点创建样条曲线,有以下几种方式:

(1)在命令行中输入 SPLINE 命令,按【Enter】键确定。

(2)单击"菜单浏览器"按钮,选择"绘图"→"样条曲线"命令。

(3)在"功能区"选项板中选择"常用"选项卡,在"绘图"面板中单击"样条曲线"按钮。也可以封闭样条曲线使起点和端点重合。在绘制时可以改变拟合样条曲线的公差,以便于查看拟合的效果。

当使用样条曲线绘制图形时,其命令行显示如下提示信息:

```
命令:SPLINE
指定第一个点或[对象(O)]:
指定下一点:
指定下一点或[闭合(C)/拟合公差(F)]<起点切向>:
```

指定起点切向：
指定端点切向：

各选项的含义如下：

(1)指定第一个点：可以提示用户指定样条曲线的起始点。确定起始点后，AutoCAD 提示用户指定第二个点。在一条样条曲线中至少应包括三个点。

(2)对象(O)：可以将已存在的由多段线生成的拟合曲线转换为等价样条曲线。确定样条曲线的第二个点后，其命令行会显示如下提示信息：

指定下一个点或[闭合(C)/拟合公差(F)]<起点切向>：

(3)指定下一个点：继续确定其他数据点。如果此时按【Enter】键，AutoCAD 将提示用户确定始末点的切向，然后结束该命令。

(4)闭合(C)：使得样条曲线的起始点和结束点重合，并共享相同的切向。

(5)拟合公差(F)：控制样条曲线对数据点的接近程度。公差越小样条曲线就越接近数据点，如为 0 则表明样条曲线精确地通过数据点。

(6)放弃：该选项不在提示区中出现。但用户可以在选取任何点后按【U】键，以取消前一段样条曲线。

【案例 5-4】使用"样条曲线"命令绘制图 5.23 所示样条曲线。

图 5.23　绘制样条曲线示例

在"功能区"选项板中选择"常用"选项卡，在"绘图"面板中单击"样条曲线"按钮 ，绘制样条曲线。具体的命令行提示如下：

命令：SPLINE
指定第一个点或[对象(O)]：在绘图区域适当位置处单击。
　　　　　　　　　　//指定第一个点：移动十字光标到另一处单击
指定下一点或[闭合(C)/拟合公差(F)]<起点切向>：
　　　　　　　　　　//移动十字光标依次指定曲线段的点
指定下一点或[闭合(C)/拟合公差(F)]<起点切向>：按【Enter】键
指定起点切向：在适当位置处单击。　　//指定起点切向
指定端点切向：在适当位置处单击。　　//指定端点切向

样条曲线绘制完成后，单击"菜单浏览器"按钮，选择"修改"→"对象"→"样条曲线"命

令;在"功能区"选项板中选择"常用"选项卡,在"修改"面板中单击"样条曲线"按钮 ✎ 或直接双击要编辑的样条曲线进行编辑。其中包括增加控制点、移动控制点的位置、改变控制点的加权因子或阶数,还可以打开或者封闭样条曲线。

编辑样条曲线时,其命令行会显示如下提示信息:

> 命令:SPLINEDIT
> 选择样条曲线:
> 输入选项[拟合数据(F)/闭合(C)/移动顶点(M)/精度(R)/反转(E)/放弃(U)]:

各选项的含义如下:

(1)拟合数据(F):编辑定义样条曲线的拟合点数据,包括修改公差。

(2)闭合(C):封闭样条曲线。如果样条曲线已封闭,此处则显示"打开(O)",选择该选项可以打开封闭样条曲线。

(3)移动顶点(M):移动样条曲线控制点,从而调整样条曲线形状。

(4)精度(R):选择该选项,系统将显示"输入精度选项[添加控制点(A)/提高阶数(E)/权值(W)/退出(X)]<退出>:"。这些选项的含义如下:

①添加控制点(A):增加样条曲线控制点,此时并不改变样条曲线形状。

②提高阶数(E):对样条曲线升阶。它增加了样条曲线的控制点,因此可以更灵活地控制样条曲线形状。升阶也不改变样条曲线形状,且升阶后不能再降阶。

③权值(W):可以控制样条曲线接近或远离控制点,它将修改样条曲线的形状。

④退出(X),返回 SPLINEDIT 主提示。

(5)反转(E):改变样条曲线的方向,始末点交换。

(6)放弃(U):取消 SPLINEDIT 操作。

项目总结

本项目中介绍了复杂二维图形的绘制方法和步骤,包括绘制圆环、多线、多段线以及样条曲线。要求读者熟练掌握以上各种复杂二维图形的绘制方法。

项目实训

实训任务一 使用"多线"命令绘制图 5.24 所示图形。

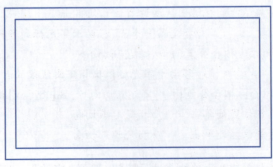

图 5.24 绘制多线

单击"菜单浏览器"按钮,选择"绘图"→"多线"命令,绘制图 5.24 所示的矩形。具体的命令行提示如下:

```
命令:MLINE
当前设置:对正=上,比例=20.00,样式=STANDARD
指定起点或[对正(J)/比例(S)/样式(ST)]:j↙//调整多线的对正方式
输入对正类型[上(T)/无(Z)/下(B)]<上>:t↙//指定多线的对正方式为上
当前设置:对正=上,比例=20.00,样式=STANDARD
指定起点或[对正(J)/比例(S)/样式(ST)]:s↙//调整多线的比例
输入多线比例<20.00>:50↙//调整多线的比例为50
当前设置:对正=上,比例=50.00,样式=STANDARD
指定起点或[对正(J)/比例(S)/样式(ST)]:在绘图区域适当位置单击。//指定起点
指定下一点:向右平移十字光标到一点处单击
指定下一点或[放弃(U)]:向下平移十字光标到一点处单击
指定下一点或[闭合(C)/放弃(U)]:向左平移十字光标到一点处单击
指定下一点或[闭合(C)/放弃(U)]:c↙//闭合多线
```

实训任务二 用 MLINE 命令绘制图 5.25 所示房屋平面图。

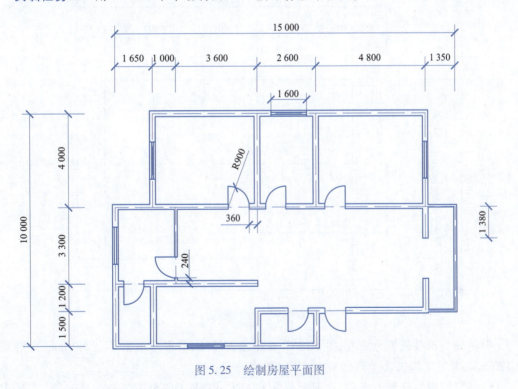

图 5.25 绘制房屋平面图

(1)新建 DWG 文件,设置图形界限:20 000×20 000
(2)创建并设置图 5.26 所示图层。

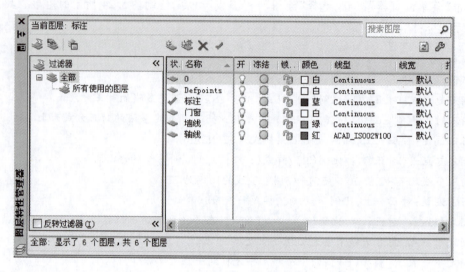

图 5.26 图层设置

(3)将轴线图层设置为当前,用 XLINE 命令绘制轴线并进行修剪,如图 5.27 所示。

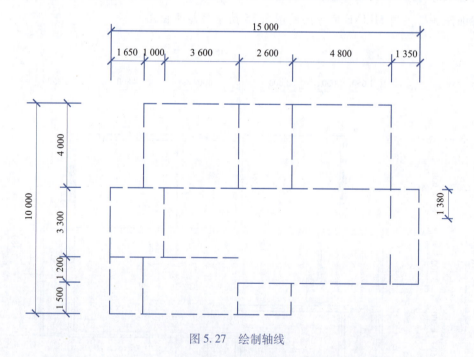

图 5.27 绘制轴线

(4)将墙线图层设置为当前,用 MLINE 命令绘制墙线,其中外墙宽度为 240 mm,内墙宽度为 120 mm,并用编辑工具进行修剪,如图 5.28 所示。

(5)将门窗图层设置为当前,在图示位置用 ARC、LINE、OFFSET 等命令绘制门,用 MLINE 命令绘制窗,要先创建多线样式。

(6)缩放视图进行检查,保存文件。

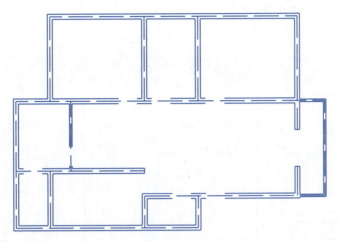

图 5.28 用 MLINE 命令绘制墙线

实训任务三 创建图层,设置粗实线宽度为 0.7,中心线宽度采用默认设置。设定绘图区域大小为 15 000×15 000。用 LINE、OFFSET、MLINE、PLINE 等命令绘制图 5.29 所示图形。

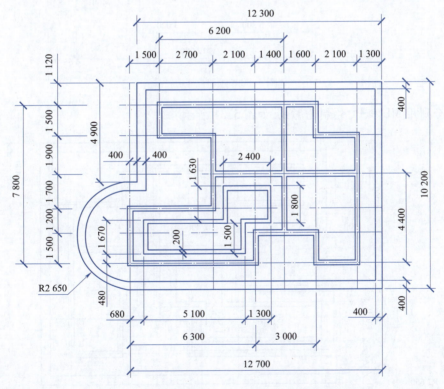

图 5.29 用 LINE、OFFSET、MLINE、PLINE 等命令绘图

操作步骤:

(1)设定图形界限:18 000×15 000;绘制图层:中心线和轮廓线,其中,中心线图层线型为 CENTRE,轮廓线线宽为 0.7 mm,其他默认。

(2)绘制中心线,如图 5.30 所示。

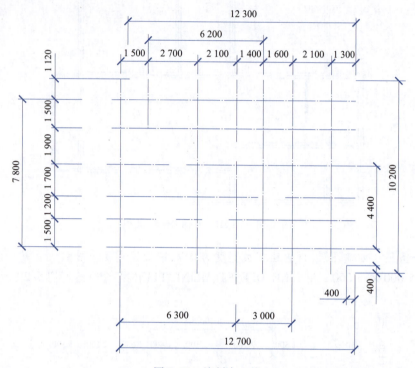

图 5.30　绘制中心线

(3)分别用 ML 和 PL 绘制轮廓线,如图 5.31 所示。

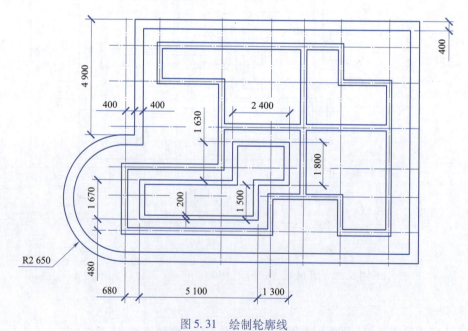

图 5.31　绘制轮廓线

项目拓展

拓展任务一 用 MLINE 命令绘制图 5.32 所示墙体。

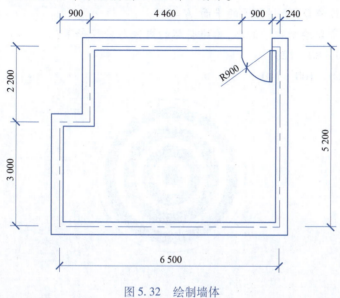

图 5.32 绘制墙体

拓展任务二 创建图层,设置粗实线宽度为 0.7,细实线宽度默认。设定绘图区域大小为 15 000×15 000。用 LINE、PLINE、OFFSET 等命令绘制图 5.33 所示图形。

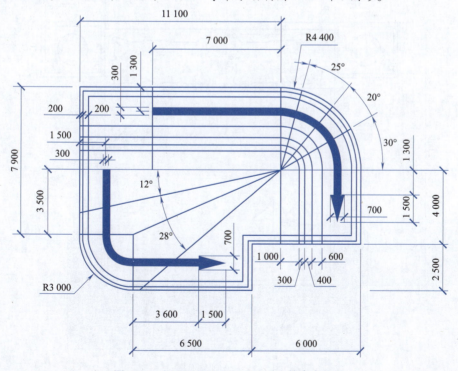

图 5.33 用 LINE、PLINE、OFFSET 等命令绘图

拓展任务三 通过圆和圆环命令绘制靶子，如图 5.34 所示。

参考步骤如下：

(1) 新建文件。

(2) 用 CIRCLE 命令，绘制靶子的平面，$R=80$。

(3) 用 Donut 命令绘制靶子的环，参照圆环的内径与外径如下：

内径： 0　40　80　120

外径： 20　60　100　140

图 5.34　绘制靶子

拓展任务四 绘制图 5.35 所示双人床。

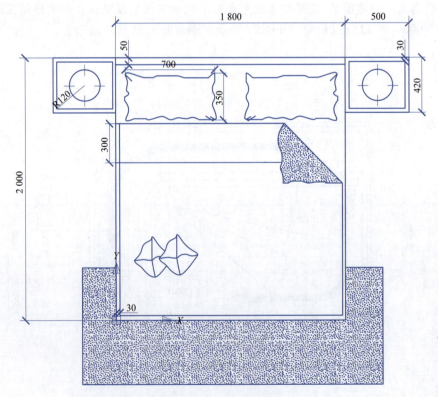

图 5.35　绘制双人床

项目六　绘制复杂的平面图形

通过学习本项目,你将了解到:
(1)面域和图案填充的基本命令。
(2)简单面域及复杂面域的创建步骤,布尔运算及数据提取。
(3)图案填充的操作和编辑方法,以及二维填充的创建。

项目说明

面域与图案填充属于一类特殊的平面图形区域,在这个平面图形区域中,AutoCAD 2010 赋予其共同的特殊性质,如相同的图案、计算面积、重心、布尔运算等。本项目主要介绍面域和图案填充的相关命令。

项目准备

面域的功能是将包含封闭区域的对象转换为面域对象。面域是用闭合的形状或环创建的二维区域,它是二维实体,不是二维图形。面域与二维图形的区别:面域除了包括封闭的边界形状,还包括边界内部的平面,就像一个没有厚度的平面。闭合多段线、直线和曲线都是有效的选择对象。曲线包括圆弧、圆、椭圆弧、椭圆和样条曲线。面域可以将若干区域合并到单个复杂区域,可以把几条相交并闭合的线条合成为整个对象。合成以后就可以计算这个对象的周长和面积等相关参数。

1. 创建简单的面域

1)命令调用方式

(1)命令行:在命令行中输入 REGION(快捷命令为 REG)。

(2)菜单栏:选择"绘图"→"面域"命令 ◎ 面域(N)。

(3)工具栏:单击"绘图"工具栏中的"面域"按钮 ◎。

2)创建步骤

以通过工具栏创建面域的方式为例:在"功能区"选项板中选择"常用"选项卡,在"绘图"面板中单击 ◎ 面域(N) 按钮,然后选择一个或多个用于转换为面域的封闭图形,当按下【Enter】键后即可将其转换为面域。因为圆、多边形等封闭图形属于线框模型,而面域属于实体模型,因此它们在选中时表现的形式也不相同。图6.1(a)所示为选中圆与圆形面域时的效果。

注意:(1)所有线段必须在交点处完全闭合。
　　　(2)所有线段不能超越交点(即交点以外不能有多余部分)。

3)应用实例

对圆执行"面域"命令,命令行操作如下:

```
命令:CIRCLE
指定圆的圆心或[三点(3P)/两点(2P)/切点、切点、半径(T)]:
指定圆的半径或[直径(D)]:
命令:REGION
选择对象:找到 1 个
选择对象:
已提取 1 个环。
已创建 1 个面域。
```

操作结果如图 6.1(b)所示。

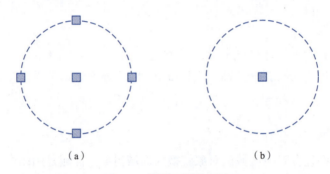

图 6.1　圆形面域的创建

2. 创建复杂的面域

对于复杂面域,可以使用"边界"命令创建,使用该命令可将闭合区域创建为面域和多段线的边界。

1)命令调用方式

(1)命令行:在命令行中输入 BOUNDARY。

(2)菜单栏:选择"绘图"→"边界"命令 。

(3)工具栏:单击"绘图"工具栏中的"边界"按钮 。

2)创建步骤

在"功能区"选项板中选择"常用"选项卡,在"绘图"面板中单击"边界"按钮 ,弹出"边界创建"对话框,如图 6.2 所示,在"对象类型"下拉列表框中选择"面域"或者"多段线",然后单击"拾取点"按钮。

在 AutoCAD 2010 命令行中将提示:"拾取内部点:",然后在绘图区域中选择需要创建面域图形的内部,命令行将提示:"已提取 1 个环",按【Enter】键后即可将它们转换为面域。所创建的面域与当前图层的颜色一致,同时,在命令行中也会出现已经创建面域的提示。

"边界创建"对话框中各选项的功能如下:

"拾取点":指定闭合区域内的定点确定对象的边界。

"孤岛检测":控制 BOUNDARY 是否检测内部闭合边界,该边界称为孤岛。

"对象类型":此下拉列表框控制新边界对象的类型,BOUNDARY 将边界创建为面域或多段线对象。

图 6.2 "边界创建"对话框

"边界集":设置 BOUNDARY 根据指定点定义边界时所要分析的对象集。

"当前视口":根据当前视口范围中的所有对象定义边界集,选择此选项将放弃当前所有边界集。

"新建":提示用户选择用来定义边界集的对象。BOUNDARY 仅包括可以在构造新边界集时,用于创建面域或闭合多段线的对象。

注意:使用"边界"命令创建"面域"时,所有线段必须在交点处完全闭合。如果该命令没有成功合成面域,就证明这几个对象要么重复,要么没有完全相交。

任务一 面域的布尔运算

可以运用布尔运算对多个面域进行合并、相交、相减操作,从而创建新的面域。使用该项操作需要预先将普通闭合图形转化为面域。

布尔运算的对象只包括实体和共面的面域,对于普通的线条图形对象无法使用布尔运算。选择"修改"→"实体编辑"子菜单中的相关命令可以对二维面域进行图 6.3 所示的布尔运算。

(a)原始面域　　(b)面域的并集运算　　(c)面域的差集运算　　(d)面域的交集运算

图 6.3 二维面域布尔运算的效果图

1. 并集运算

并集(U)运算可合并选定的三维实体或二维面域(三维实体在 AutoCAD LT 中不可用),可以将两个或多个三维实体或二维面域合并为一个新的实体或面域。在 AutoCAD LT 中,仅能够合并二维面域。

1)命令调用方式

(1)命令行:在命令行中输入 UNION。

(2)菜单栏:选择菜单栏中的"修改"→"实体编辑"→"并集"命令

2)命令操作步骤

创建面域的并集,需要连续选择要进行并集操作的面域对象,直到按下【Enter】键,即可将选择的面域合并为一个图形并结束命令。例如:

> 命令:UNION
> 选择对象:找到 1 个;
> 选择对象:找到 1 个,总计 2 个。

按【Space】键结束后,两个面域即合为一体,最终效果如图 6.4 所示。

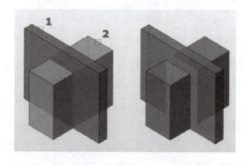

图 6.4 "并集"效果图

注意:执行"并集"命令时必须至少选择两个实体或共面的面域。

2. 差集运算

所谓差集运算就是从大面域中扣除其他面域而得到一个新面域。

1)命令调用方式

(1)命令行:在命令行中输入 SUBTRACT。

(2)菜单栏:选择"修改"→"实体编辑"→"差集"命令。

2)操作步骤

计算的结果得到一个新面域,该面域由要减去的实体或面域减去被减去的实体或面域组成。

> 命令:SUBTRACT
> 选择要从中减去的实体或面域...
> 选择对象:找到 1 个
> 选择对象:
> 选择要减去的实体或面域..
> 选择对象:找到 1 个

然后按【Enter】键,效果如图 6.5 所示。

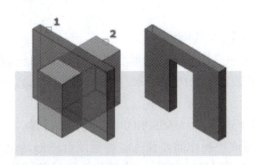

图 6.5 "差集"效果图

注意:执行"差集"命令时必须首先选择要保留的对象,按【Enter】键,然后选择要减去的对象。

3. 相交运算

创建多个面域的交集即各个面域的公共部分,此时需要同时选择两个或两个以上面域对象,然后按【Enter】键即可。

1)命令调用方式

(1)命令行:在命令行中输入 INTERSECT。

(2)菜单栏:选择"修改"→"实体编辑"→"交集"命令。

2)操作步骤

执行"相交"命令,命令行将提示:"选择对象:指定对角点:找到 1 个;选择对象:找到 1 个,总计 2 个",然后按【Enter】键,效果如图 6.6 所示。

```
命令:INTERSECT
选择对象:指定对角点:找到 1 个
选择对象:找到 1 个,总计 2 个
```

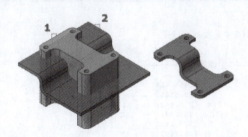

图 6.6 "交集"效果图

任务二 获取面域质量特性

建立面域后,AutoCAD 2010 将自动计算出面域的质量特性,如面积、周长、质心、惯性矩等。"面域/质量特性"命令用于计算显示面域或实体的质量特性。

1. 命令调用方式

(1)命令行:在命令行中输入 MASSPROP。

(2)菜单栏:选择"工具"→"查询"→"面域/质量特性"命令 面域/质量特性(M) 。

(3)工具栏:单击"查询"工具栏中的"面域/质量特性"按钮。

2. 创建步骤

以命令行为例,在命令行中输入 MASSPROP 后按【Enter】键,在 AutoCAD 2010 命令行中将提示:"选择对象:"(使用该项操作需要预先将普通闭合图形转化为面域,转化为面域的对象才能执行此命令),然后选择对象(这里以一个转化为面域的圆为例),命令行将提示"找到 1 个",并又提示:"选择对象:",此时直接按【Enter】键,弹出图 6.7 所示的界面,命令行中也将提示此界面中的所有内容。

3. 应用实例

以直径为 100 mm 的圆为例:

```
命令:REGION
选择对象:找到 1 个
选择对象:↙
已提取 1 个环。
已创建 1 个面域。
命令:MASSPROP
选择对象:找到 1 个
选择对象: ↙
```

按【Enter】键后,在 AutoCAD 2010 的绘图窗口弹出图 6.7 所示的文本窗口。

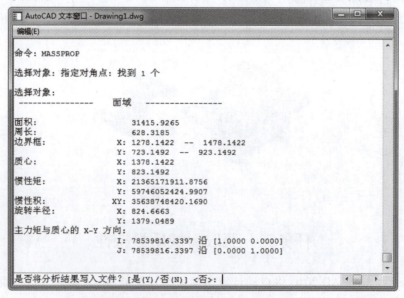

图 6.7　AutoCAD 文本窗口

从图 6.7 中可以看出,圆的面积、周长以及质心的坐标等参数。如果需要将分析结果写入文件,在命令行中输入 Y,并按【Enter】键,将弹出图 6.8 所示的界面,选择一个文件夹并命名保存即可,反之则输入 N,结束操作。

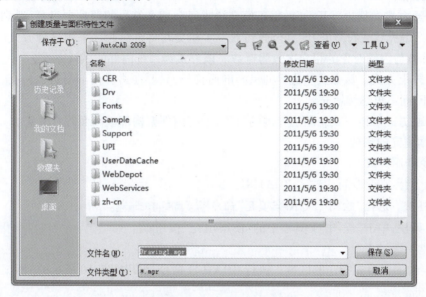

图 6.8 "创建质量与面积特性文件"对话框

任务三　图案填充

重复绘制某些图案以填充图形中的一个区域,从而表达该区域的特征,这种填充操作称为图案填充。图案填充的应用非常广泛,例如,在机械工程图中,可以用图案填充表达一个剖切的区域,也可以使用不同的图案填充表达不同的零部件或者材料。

1. 图案填充的基本概念

图案填充就是用某种图案充满图形中的指定区域,指定区域必须为封闭区域。使用时可以从多个方法中进行选择以指定图案填充的边界:①指定对象封闭区域中的点;②选择封闭区域的对象;③将填充图案从工具选项板或设计中心拖动到封闭区域。

1)图案边界

当进行图案填充时,首先要确定填充图案的边界。定义边界的对象只能是直线、构造线、射线、多段线、样条曲线、圆弧、圆、椭圆、椭圆弧、面域等。而且作为边界的对象在当前屏幕上必须全部可见。

2)孤岛

在进行图案填充时,把位于总填充域内的封闭区域称为孤岛,如图 6.9 所示。在填充时,AutoCAD 允许用户以点取点的方式确定填充边界,即在希望填充的区域内任意点取一点,AutoCAD 会自动确定出填充边界,同时也确定该边界内的岛。

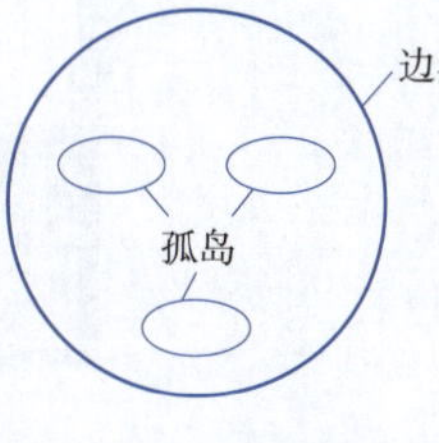

图 6.9 孤岛及边界

3) 填充方式

在进行图案填充时,需要控制填充的范围,AutoCAD 为用户设置了三种填充方式实现对填充范围的控制。

(1) 普通方式。从边界开始,由每条填充线或每个填充符号的两端向里画,遇到内部对象与之相交时,填充线或符号断开,直至遇到下一次相交时再继续画。采用这种方式时,要避免剖面线或符号与内部对象的相交次数为奇数。该方式为系统内部的默认方式。

(2) 最外层方式。该方式从边界向里画剖面符号,只要在边界内部与对象相交,剖面符号便由此断开,而不再继续填充。

(3) 忽略方式。该方式忽略边界内的对象,所有内部架构都被剖面符号覆盖。

2. 图案填充的创建

1) 命令调用方式

(1) 命令行:在命令行中输入 BHATCH。

(2) 菜单栏:选择"绘图"→"图案填充"命令 图案填充(H)...。

(3) 工具栏:单击"绘图"工具栏中的"图案填充"按钮。

2) 创建步骤

用指定的图案填充指定的区域。执行 BHATCH 命令,弹出图 6.10 所示的"图案填充和渐变色"对话框。

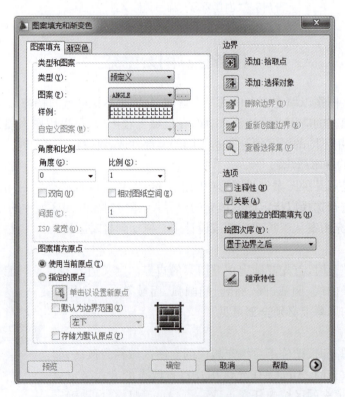

图 6.10 "图案填充和渐变色"对话框的"图案填充"选项卡

"图案填充和渐变色"对话框中包含"图案填充"和"渐变色"两个选项卡,下面分别介绍。

(1)"图案填充"选项卡 。"图案填充"此选项卡用于设置填充图案以及相关的填充参数。其中,"类型和图案"选项组用于设置填充图案以及相关的填充参数。可通过"类型和图案"选项组确定填充类型与图案,通过"角度和比例"选项组设置填充图案时的图案旋转角度和缩放比例。"图案填充原点"选项组控制生成填充图案时的起始位置。"添加:拾取点"按钮和"添加:选择对象"按钮用于确定填充区域。

(2)"渐变色"选项卡。在"图案填充和渐变色"对话框中选择"渐变色"选项卡,如图6.11所示。

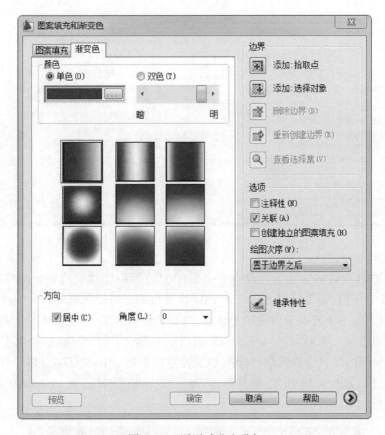

图6.11 "渐变色"选项卡

"渐变色"选项卡用于以渐变方式实现填充。其中,"单色"和"双色"两个单选按钮用于确定是以一种颜色填充,还是以两种颜色填充。当以一种颜色填充时,可利用位于"双色"单选按钮下方的滑块调整所填充颜色的浓淡度。当以两种颜色填充时(选中"双色"单选按钮),位于"双色"单选按钮下方的滑块变成与其左侧相同的颜色框和按钮,用于确定另一种颜色。位于选项卡中间位置的9个图像按钮用于确定填充方式。还可以通过"角度"下拉列表框确定以渐变方式填充时的旋转角度,通过"居中"复选框指定对称的渐变配置。如果没有选定此选项,渐变填充将朝左上方变化,可创建出光源在对象左边的图案。

(3)其他选项。单击"图案填充和渐变色"对话框右下角位置的 ⊙,即可看到图6.12所示的界面,根据需要可进行对应的设置。其中,"孤岛检测"复选框用于确定是否进行孤岛检测以及孤岛检测的方式。"边界保留"选项组用于指定是否将填充边界保留为对象,并确定其对象类型。

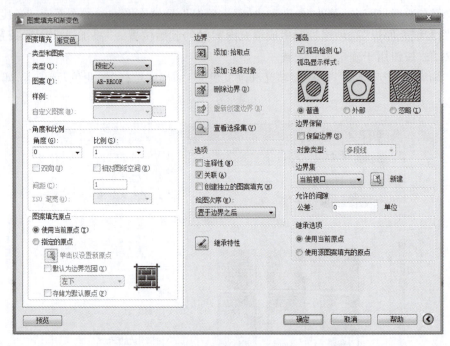

图 6.12　扩展的"图案填充和渐变色"对话框

AutoCAD 2010 允许将实际上并没有完全封闭的边界用作填充边界。如果在"允许的间隙"文本框中指定了值,该值就是 AutoCAD 确定填充边界时可以忽略的最大间隙,即如果边界有间隙,且各间隙均小于或等于设置的允许值,那么这些间隙均会被忽略,AutoCAD 会将对应的边界视为封闭边界。如果在"允许的间隙"编辑框中指定了值,当通过"拾取点"按钮指定的填充边界为非封闭边界且边界间隙小于或等于设定的值时,AutoCAD 会打开"图案填充-开放边界警告"对话框,如图 6.13 所示,如果单击"继续填充此区域"选项,AutoCAD 将对非封闭图形进行图案填充。

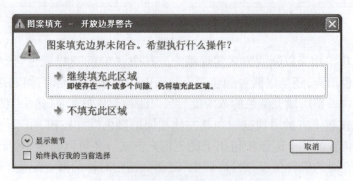

图 6.13　"图案填充-开放边界警告"对话框

任务四 创建二维填充

1. 二维填充的命令

在 AutoCAD 2010 中,选择"二维填充"命令,可以绘制三角形和四边形的有色填充域。
命令调用方式:
(1)命令行:在命令行中输入 SOLID。
(2)菜单栏:选择"绘图"→"建模"→"网格"→"二维填充"命令 ⊟ 二维填充(2) 。
(3)工具栏:单击"常用"选项卡中的"三维建模"→"二维填充"按钮。
以上方式都可以绘制三角形和四边形的有色填充区域。

2. 绘制二维填充图形

绘制三角形实体填充区域时,首先执行"二维填充"命令,接着依次指定三角形的三个角点,最后按下【Enter】键退出命令即可。如果绘制四边形实体填充区域时,则需要依次指定三角形的四个点,其他操作与三角形实体填充相同。

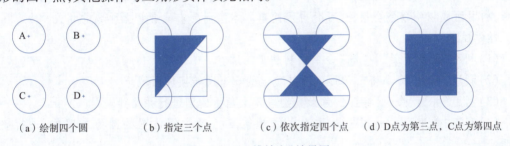

(a)绘制四个圆　　(b)指定三个点　　(c)依次指定四个点　(d)D点为第三点,C点为第四点

图 6.14 "二维填充"效果图

具体操作步骤如下:首先绘制图 6.14(a)所示的 4 个圆。然后在命令行输入 SOLID 执行"二维填充"命令,指定二维填充的 3 个点,依次指定位置点 A、B、C,然后按【Enter】键结束命令,完成三角形实体填充。

命令:SOLID	//执行命令
指定第一点:	//选择第一点 A
指定第二点:	//选择第二点 B
指定第三点:	//选择第三点 C
指定第四点或 <退出>:	

填充效果如图 6.14(b)所示。如果要绘制四边形实体填充,则执行"二维填充"命令后,指定二维填充的 4 个点,依次指定位置点 A、B、C、D,然后按【Enter】键结束命令,完成四边形实体填充,填充效果如图 6.14(c)所示。

命令:SOLID	//执行命令
指定第一点:	//选择第一点 A
指定第二点:	//选择第二点 B

```
指定第三点:                          //选择第三点 C
指定第四点或 <退出>:                   //选择第四点 D
```

但是,如果指定位置点的顺序不同,例如第三点和第四点的顺序不同,即 D 点为第三点,C 点为第四点时,得到的图形形状也将不同,如图 6.14(d)所示。

项目总结

通过本项目的学习,应该对图形的面域有进一步的认识。能够掌握面域和图案填充的基本命令,熟练掌握面域的创建与面域的布尔运算,并且能够从运算中提取所需的数据;掌握图案填充的操作和编辑方法,并熟练掌握创建二维填充。

项目实训

实训任务一 利用布尔运算绘制图 6.15 所示三角铁。

本任务所绘制的图形如图 6.15 所示,如果仅利用简单的二维绘制命令进行绘制,将非常复杂,利用面域相关命令绘制,则可变得很简单。本实训要求读者掌握面域的相关命令。

操作提示:

(1)利用"正多边形"和"圆"命令绘制初步轮廓。

(2)利用"面域"命令将三角形以及其边上的 6 个圆转换成面域。

(3)利用"并集"命令,将正三角形分别与 3 个角上的圆进行并集处理。

(4)利用"差集"命令,以三角形为主体对象,3 个边中间位置的圆为参照体,进行差集处理。

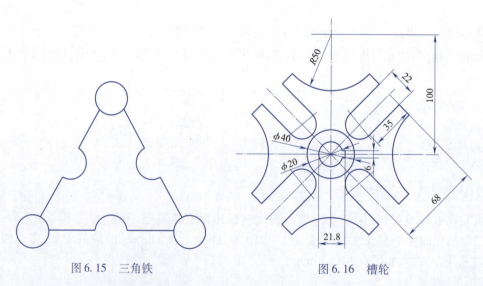

图 6.15 三角铁   图 6.16 槽轮

实训任务二 绘制槽轮。

本例所绘制的图形如图 6.16 所示,利用面域相关命令及布尔运算绘制,要求读者掌握面域的相关命令。

操作提示:

(1)新建文件,创建轮廓线和中心线两个图层,并设置轮廓线的线宽为 0.5 mm,中心线线型为 CENTER2。

(2)绘制图 6.17 所示的中心线。

(3)绘制图 6.18 所示的轮廓线,其中三个同心圆的半径分别为 10、20、68,小矩形尺寸为 44×22。

(4)将圆角后的矩形、正四边形以及上边的圆形创建三个面域,并进行阵列,如图 6.19 所示。

(5)如图 6.20 所示进行差集运算,按图 6.16 所示完成键槽的绘制。

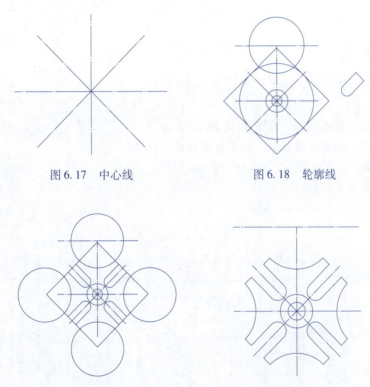

图 6.17 中心线   图 6.18 轮廓线

图 6.19 阵列后效果图   图 6.20 差集后效果图

实训任务三 绘制小屋。

本实训绘制的是图 6.21 所示的写意小屋,其中有四种图案填充。本实训要求读者掌握不同图案填充的设置和绘制方法。

操作提示:

(1)利用"直线""矩形"命令绘制小屋框架。

(2)利用"图案填充"命令填充屋顶,选择预定义的 GRASS 图案。

(3)利用"图案填充"命令填充窗户,选择预定义的 ANGLE 图案。

(4)利用"图案填充"命令填充正面墙壁,选择其他预定义的 BRICK 图案。

(5)利用"图案填充"命令填充侧面墙壁,选择"渐变色"图案。

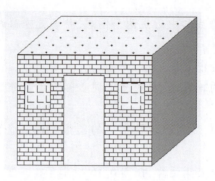

图 6.21　小屋

项目拓展

拓展任务一　利用面域造型法绘制图 6.22 所示的图形。

拓展任务二　创建图层,设置粗实线宽度为 0.7 mm,细实线及点画线宽度默认。设定绘图区域大小为 6 000 ×6 000。用 RECTANG、POLYGON、ELLIPSE 等命令绘图,如图 6.23 所示。

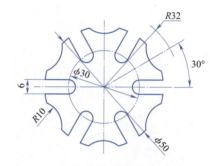

图 6.22　面域造型

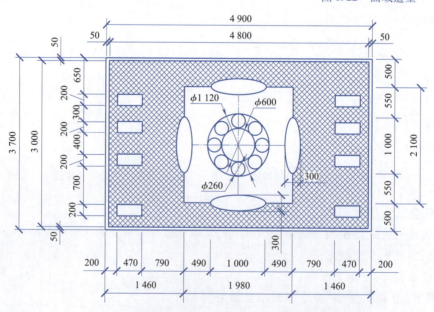

图 6.23　用 RECTANG、POLYGON、ELLIPSE 等命令绘图

拓展任务三　绘制图 6.24(a)所示的图形,图 6.24(b)是图形的细节尺寸。

拓展任务四　绘制图 6.25 所示的图形。

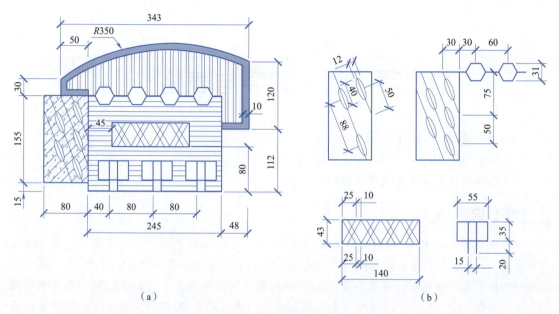

图 6.24 拓展任务三图形

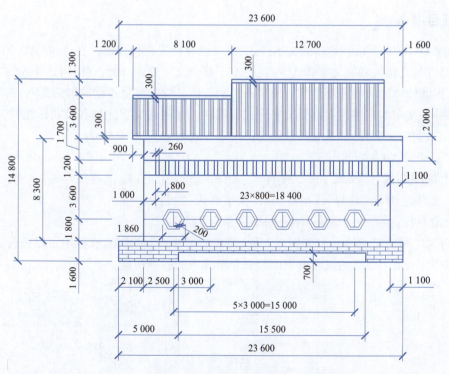

图 6.25 拓展任务四图形

项目七 文字与表格

通过学习本项目,你将了解到:
(1) AutoCAD 2010 的文本样式,单行、多行文字的创建与编辑。
(2) 表格的创建及表格文字的编辑。

项目说明

文字对象是 AutoCAD 构图中很重要的图形元素,是图纸不可缺少的一项内容。在一个完整的图样中,文字可以表达出几何形无法表达、无法传递的一些图纸信息。另外,在 AutoCAD 2010 中,使用表格功能可以创建不同类型的表格,还可以在其他软件中复制表格,以简化制图操作。在 AutoCAD 2010 中,使用表格功能可以创建不同类型的表格,还可以在其他软件中复制表格,以简化制图操作。本项目主要介绍 AutoCAD 2010 中文字标注及绘制表格的相关知识。

项目准备

AutoCAD 2010 可以创建新的文字样式,或对已有样式进行修改。在 AutoCAD 2010 中,所有文字都有与之相关联的文字样式,一旦更改了某个文字样式,则所有使用该样式的文字将随之改变,因此修改的时候需要注意。使用不同的字体、字高、字宽等创建出的文字,其外观效果也各不相同,文字的这些因素都受文字样式的控制。在创建文字注释和尺寸标注时,AutoCAD 通常使用当前的文字样式,系统默认使用的文字样式名为 STANDARD。

"文字样式"命令的调用方式:
(1) 菜单栏:选择"格式"→"文字样式"命令。
(2) 工具栏:单击"注释"工具栏中的"文字样式"按钮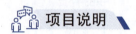。
(3) 命令行:在命令行输入 Style(快捷命令为 ST)。

执行"文字样式"命令后打开图 7.1 所示的"文字样式"对话框,在其中可以进行文字样式名、字体、大小、效果参数的设置。下面分别介绍其中的各项功能。

图 7.1 "文字样式"对话框

1. 设置样式名

1)样式名

在"文字样式"对话框中,单击"新建"按钮,弹出图 7.2 所示的"新建文字样式"对话框,用于为新建的文字样式进行命名。默认状态下以"样式 1"作为新样式名,如果需要重新命名,可在"样式名"文本框中输入所定义的文字样式名称。单击"确定"按钮,即可创建名称为"样式 1"的文字样式。

图 7.2 "新建文字样式"对话框

2)置为当前

"文字样式"对话框左侧的"样式"列表框中排列出了当前文件中的所有文字样式,如果需要设置某样式为当前样式,可以选择该样式后单击"置为当前"按钮。

3)删除

"删除"按钮用于删除文字样式,但是 Standard 是默认的文字样式不能删除,当前使用中的文字样式也不能删除,如果需要删除当前文字样式,应先重新设置当前文字样式后再删除。

2. 设置文字字体

"文字样式"对话框的"字体"选项组用于设置文字样式使用的字体属性。"字体名"下拉列表框  宋体 用于选择字体;"文字样式"下拉列表框  常规 用于选择字体格式,如斜体、粗体和常规字体等。当使用". shx"样式的字体时,"使用大字体"复选框为有效,可以被选择;当选择其他格式字体时该复选框无效,不能够被选择。"大小"选项组中的"高度"文本框用于设置文字的高度,"注释性"复选框用于设置是否为样式添加文字注释。

3. 设置文字效果

在"文字样式"对话框的"效果"选项组中,可以设置文字的显示效果,包括"宽度因子""倾斜角度"文本框,以及"颠倒""反向""垂直"复选框。

(1)"颠倒"复选框:用于控制文字为倒置状态,如图 7.3 所示。
(2)"反向"复选框:用于控制文字为反向状态,如图 7.4 所示。
(3)"垂直"复选框:用于控制文字呈垂直排列状态,如图 7.5 所示。

(a)未勾选"颠倒"复选框　　　　　　(b)勾选"颠倒"复选框

图 7.3 勾选"颠倒"复选项时的效果

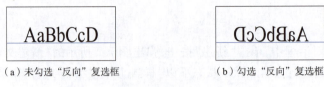

（a）未勾选"反向"复选框　　　　　　（b）勾选"反向"复选框

图 7.4　勾选"反向"复选项时的效果

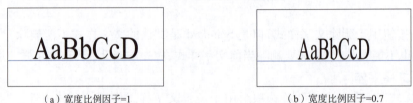

（a）未勾选"垂直"复选项　　　　　　（b）勾选"垂直"复选项

图 7.5　勾选"垂直"复选项时的效果

（4）"宽度因子"文本框：用于设置字体的宽高比，其默认值为 1，效果如图 7.6 所示，当输入的值大于 1 时，将使文字宽度放大，反之会使文字宽度缩小。

（a）宽度比例因子=1　　　　　　　　（b）宽度比例因子=0.7

图 7.6　调整宽度比例因子的效果

（5）"倾斜角度"文本框：用于设置文字的倾斜角度。默认值为 0（不倾斜），向右倾斜时角度为正，反之角度为负，角度范围在 $-85°\sim+85°$ 之间。

修改"效果"选项组中的各选项后，均可在左侧"正在使用的样式"下拉列表下的预览框中呈现相应的效果。最后，单击"应用"按钮，可将设置的文字样式应用于当前图形中。

任务一　创建与编辑单行文字

1. 单行文字的创建

"单行文字"命令用于标注文字、标注块文字等内容。"单行文字"是文字输入中一种常用的输入方式。在不需要多种字体或多行文字内容时，可以创建单行文字，系统将每一行文字看作一个独立的对象。

"单行文字"命令的调用方式：

（1）菜单栏：选择"绘图"→"文字"→"单行文字"命令。

（2）工具栏：单击"文字"工具栏中的 AI 按钮。

（3）命令行：在命令行中输入 DTEXT 或 TEXT（快捷命令为 DT）。

命令选项：

调用"单行文字"命令后，AutoCAD 2010 的命令行将提示：

命令:DTTEXT
当前文字样式： Standard 文字高度： 2.5000 注释性： 否
指定文字的起点或[对正(J)/样式(S)]:
指定高度 <2.5000>:
指定文字的旋转角度 <0>:
输入文字:* 取消*

命令行中各选项的含义如下：

(1)"指定文字的起点"：是默认选项，指定单行文字行基线的起点位置，要求用户用光标在绘图区指定。

(2)"指定高度"：这是在"文字样式"中没有设置高度时才出现该提示，否则 AutoCAD 使用"文字样式"中设置的文字高度。用户输入一个正数即可。

(3)"指定文字的旋转角度"：文字旋转角度是指文字行排列方向与水平线的夹角。

如果用户在命令行中选择的是"对正"选项，在绘图区域中将出现图 7.7 所示的界面。并且在 AutoCAD 命令行中 将提示：

输入选项[对齐(A)/布满(F)/居中(C)/中间(M)/右对齐(R)/左上(TL)/中上(TC)/右上(TR)/左中(ML)/正中(MC)/右中(MR)/左下(BL)/中下(BC)/右下(BR)]:

通过这些选项可以设置文字的插入点，各插入点的位置如图 7.8 所示。

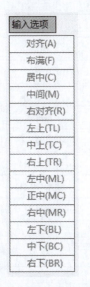

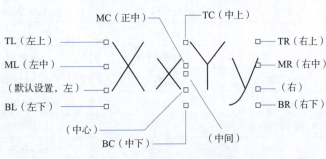

图 7.7 "对正"选项界面图　　　　　图 7.8 设置插入点

提示行中各选项的含义如下：

(1)对齐(A)：该选项用文字行基线的起点与终点控制文字对象的排列。要求用户指定文字基线的起点和终点。

(2)布满(F):指定文字按照由两点定义的方向和一个高度值布满一个区域。只适用于水平方向的文字。

(3)居中(C):该选项用于用户指定文字行的中心点。用户在绘图区中指定一点作为中心。此外,用户还需要指定文字的高度和文字行的旋转角度。

(4)中间(M):该选项用于用户指定文字行的中间点。此外,用户还需要指定文字行在垂直方向和水平方向的中心、文字高度和文字行的旋转角度。

(5)右对齐(R):在由用户给出的点指定的基线上右对正文字。

(6)左上(TL):以指定为文字顶点的点左对正文字。只适用于水平方向的文字。

(7)中上(TC):以指定为文字顶点的点居中对正文字。只适用于水平方向的文字。

(8)右上(TR):以指定为文字顶点的点右对正文字。只适用于水平方向的文字。

(9)左中(ML):在指定为文字中间点的点上靠左对正文字。只适用于水平方向的文字。

(10)正中(MC):在文字的中央水平和垂直居中对正文字。只适用于水平方向的文字。

(11)右中(MR):以指定为文字的中间点的点右对正文字。只适用于水平方向的文字。

(12)左下(BL):以指定为基线的点左对正文字。只适用于水平方向的文字。

(13)中下(BC):以指定为基线的点居中对正文字。只适用于水平方向的文字。

(14)右下(BR):以指定为基线的点右对正文字。只适用于水平方向的文字。

(15)样式:指定文字样式,文字样式决定文字字符的外观。创建的文字使用当前文字样式。

另外,在工程图中用到的许多特殊符号不能通过标准键盘直接输入,此时必须输入相应的控制码,这些特殊符号的控制码见表7.1。

表7.1 特殊符号的控制码

控制代码	特殊符号	控制代码	特殊符号
%%O	上画线	\u+E101	流线
%%U	下画线	\u+2261	恒等于(≡)
%%D	度数(°)	\u+E200	初始长度
%%P	正负号(±)	\u+E102	界碑线
%%C	直径符号(⌀)	\u+2260	不相等(≠)
%%%	百分号(%)	\u+2126	欧姆(Ω)
\u+2248	约等于(≈)	\u+03A9	欧米伽(Ω)
\u+2220	角度(∠)	\u+214A	地界限
\u+E100	边界线	\u+2082	下标2
\u+2104	中心线	\u+00B2	平方
\u+0394	差值	\u+00B3	立方
\u+0278	电相角		

其中,%%O 和%%U 分别是上画线和下画线的开关,第一次出现此符号开始画上画线和下画线,第二次出现此符号,上画线和下画线终止。

2. 单行文字编辑

编辑单行文字包括文字的内容、对正方式及缩放比例,可以选择"修改"→"对象"→"文字"子菜单中的命令进行设置。

(1)"编辑"命令(DDEDIT):选择该命令,然后在绘图窗口中单击需要编辑的单行文字,弹出图 7.9 所示的"编辑文字"对话框,进入文字编辑状态,可以重新输入文本内容。

(2)"比例"命令(SCALETEXT):选择该命令,然后在绘图窗口中单击需要编辑的单行文字,此时需要输入缩放的基点以及指定新高度、匹配对象(M)或缩放比例(S)。

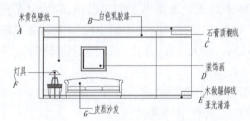

图 7.9 "编辑文字"对话框

(3)"对正"命令(JUSTIFYTEXT):选择该命令,然后在绘图窗口中单击需要编辑的单行文字,此时可以重新设置文字的对正方式。

```
命令:DDEDIT
选择注释对象或[放弃(U)]:
选择注释对象或[放弃(U)]:
```

【案例 7-1】打开素材文件 DWG\7-1.dwg,创建单行文字,如图 7.10 所示。

图 7.10 调整宽度比例因子的效果

(1)打开素材文件 DWG\7-1.dwg。
(2)创建新的文字样式,并使该样式成为当前样式。设置新样式的名称为"样式一",与其相关联的字体文件是"gbenor.shx"和"gbcbig.shx"。
(3)系统变量 DTEXTED 为 1,再执行 DTEXT 命令书写单行文字。

```
命令:DTEXTED
输入 DTEXTED 的新值 <2>:1
命令:dtext
当前文字样式: Standard  文字高度: 2.5000  注释性: 否
指定文字的起点或[对正(J)/样式(S)]:      //在 A 点处单击一点
指定高度 <2.5000>:350                   //输入文本的高度
指定文字的旋转角度 <0>:                  //按【Enter】键指定旋转角度为 0°
输入文字:米黄色壁纸                      //输入文字
输入文字:白色乳胶漆                      //在 B 点处单击,并输入文字
```

输入文字:石膏顶棚线	//在 C 点处单击,并输入文字
输入文字:装饰画	//在 D 点处单击,并输入文字
输入文字:木做踢脚线	//在 E 点处单击,并输入文字
输入文字:亚光清漆	//按【Enter】键
输入文字:灯具	//在 F 点处单击,并输入文字
输入文字:皮质沙发	//在 G 点处单击,并输入文字
输入文字:	//按【Enter】键结束命令

任务二 创建和编辑多行文字

单行文字比较简单,不便于一次性大量输入文字说明,因此用户经常需要用到插入多行文字命令。多行文字可以创建较为复杂的文字说明,如图样的技术要求等。在 AutoCAD 2010 中,多行文字编辑是通过多行文字编辑器完成的。多行文字编辑器相当于 Windows 的写字板,包括一个"文字格式"工具栏和一个文字输入编辑窗口,可以方便地对文字进行录入和编辑操作。

1. 创建多行文字

多行文字又称段落文字,是一种更易于管理的文字对象,它由两行以上的文字组成,而且各行文字都是作为一个整体来处理。通常用于创建较长、较为复杂的内容。

在"注释"面板中单击"多行文字"按钮,在视图中绘制矩形文本输入框,显示出"多行文字"编辑器,设置字体字号等项目后,输入文字,单击"关闭文字编辑器"按钮,结束多行文字操作。

1)命令调用方式

(1)菜单栏:选择"绘图"→"文字"→"多行文字"命令。

(2)工具栏:单击"绘图"工具栏中的 A 按钮。

(3)命令行:在命令行中输入 MTEXT(快捷命令为 MT、T)。

2)操作步骤

执行"多行文字"命令,AutoCAD 2010 的命令行将提示:

"指定第一角点:",在绘图区域中拾取一点作为文字的插入点,然后命令行提示:"指定对角点或[高度(H)/对正(J)/行距(L)/旋转(R)/样式(S)/宽度(W)/栏(C)]:"。此提示下,可以执行两种操作:①在绘图区域中拾取另一点作为文字的对角点;②先输入 H(高度)、J(对正)、L(行距)、R(旋转)、S(样式)、W(宽度)、C(栏)等之一命令,设置各项参数,然后选择另一点作为文字的对角点。完成上述操作后,绘图区域中将弹出"多行文字"编辑器,如图 7.11 所示。在文字编辑输入框中输入文字,完成后按【Enter】键,多行文字编辑结束。

下面分别介绍其中的各项功能。

(1)"文字格式"工具栏如图 7.12 所示,在该工具栏中除了可以进行一些常规的设置,如字体、高度、颜色等,还包括其他一些特殊设置。

(2)"堆叠/非堆叠"按钮 :当选中的文字中包含有"^""/""#"3 种符号时,该项将被激活,用于设置文字的堆叠形式或取消堆叠。如果设置为堆叠,则这些字符左边的文字将被堆叠到右边文字的上面,具体格式见表 7.2。

图 7.11 "多行文字"编辑器

图 7.12 "字符"选项卡

表 7.2 堆叠的类型

符 号	说 明
^	表示左对正的公差值,形式为:$\dfrac{\text{左侧文字}}{\text{右侧文字}}$
/	表示中央对正的分数值,形式为:$\dfrac{\text{左侧文字}}{\text{右侧文字}}$
#	表示被斜线分开的分数,形式为:$\dfrac{\text{左侧文字}}{\text{右侧文字}}$

用户还可以选中已设置为堆叠的文字并右击,在弹出的快捷菜单中选择"堆叠"命令。如图 7.13 所示。

图 7.13 "堆叠"快捷菜单

(3)"插入/符号":通过该选项可以在文字中插入度数、正/负、直径和不间断空格等特殊符号。此外,如果用户选择"其他"选项,弹出"字符映射表"对话框,来显示和使用当前字体的全部字符。注意,"字符映射表"是 Windows 系统的附件组件,如果在操作系统中没有安装则在 AutoCAD 中无法使用。

(4)"样式":用于改变文字样式。在应用新样式时,应用于单个字符或单词的字符格式(如粗体、斜体、堆叠等)不会被覆盖。

(5)"对正":用于选择不同的对正方式,具体选项见表 7.3。对正方式基于指定的文字对象的边界。注意,在一行的末尾输入的空格也是文字的一部分并影响该行文字的对正。

(6)"宽度因子":扩展或收缩选定字符。1.0 代表此字体中字母的常规宽度。可以增大该宽度(例如,使用宽度因子 2 使宽度加倍)或减小该宽度(例如,使用宽度因子 0.5 将宽度减半)。

(7)"倾斜角度":确定文字是向前倾斜还是向后倾斜。倾斜角度表示的是相对于 90°角方向的偏移角度。输入一个 -85 ~ 85 之间的数值使文字倾斜。倾斜角度的值为正时文字向右倾斜。倾斜角度的值为负时文字向左倾斜。

(8)"行距":显示建议的行距选项或"段落"对话框。在当前段落或选定段落中设置行距。注意行距是多行段落中文字的上一行底部和下一行顶部之间的距离。

(9)"分栏":用于设置文字的分栏数。

表 7.3 文字对正方式

选 项	缩 写	含 义
Top Left	TL	左上对齐
Middle Left	ML	中上对齐
Bottom Left	BL	右上对齐
Top Center	TC	左中对齐
Middle Center	MC	正中对齐
Bottom Center	BC	右中对齐
Top Right	TR	左下对齐
Middle Right	MR	中下对齐
Bottom Right	BR	右下对齐

2. 编辑多行文字

"编辑文字"命令主要用于修改单行或多行文字的内容。

1)命令调用方式

(1)菜单栏:选择"修改"→"对象"→"文字"→"编辑"命令。

(2)工具栏:单击"注释"选项卡"文字"工具栏中的 按钮。

(3)命令行:在命令行中输入 DDEDIT(快捷命令为 ED)。

2)操作步骤

执行命令后,AutoCAD 2010 将提示:"选择注释对象或[放弃(u)]",此时选择需要编辑的文字,然后输入正确的内容即可。

编辑多行文字的方法比较简单,编辑方式也很灵活,可在图样中双击已输入的多行文字,或者选中在图样中已输入的多行文字并右击,在弹出的快捷菜单中选择"编辑多行文字"命令,打开"文字格式"编辑器,然后编辑文字。

注意: 如果修改文字样式的垂直、宽度比例与倾斜角度设置,将影响到图形中已有的用同一种文字样式书写的多行文字,这与单行文字是不同的。因此,对用同一种文字样式书写的多行文字中的某些文字的修改,可以重建一个新的文字样式来实现。

【案例7-2】打开素材文件 DWG\7-2.dwg,在图形中加入多行文字,字高为7,字体为"宋体",结果如图7.14所示。

(1)打开素材文件 DWG\7-2.dwg。
(2)新建文字样式一,字高为7,字体为"宋体"。
(3)执行命令:MTEXT,输入文字内容。

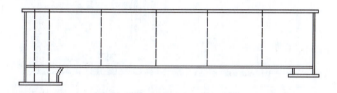

1.主梁在制造完毕后,应按二次抛物线起拱: $y=f(x)=4(L-x)x/L^2$。
2.钢板厚度$\delta>6$ mm。
3.隔板根部切角为20×20 mm。

图7.14 书写多行文字

任务三 创建表格样式和表格

在 AutoCAD 2010 中,可以使用创建表格命令创建表格,还可以从 Microsoft Excel 中直接复制表格,并将其作为 AutoCAD 表格对象粘贴到图形中,也可以从外部直接导入表格对象。此外,还可以输出来自 AutoCAD 的表格数据,以供在 Microsoft Excel 或其他应用程序中使用。

表格是由行和列组成的,在 AutoCAD 2010 中,表格是在行和列中包含数据的对象。创建表格对象时,首先创建一个空表格,然后在表格的单元(行与列相交处)中添加内容。

在 AutoCAD 2010 中,用户可以使用创建表命令自动生成表格,使用创建表功能,用户不仅可以直接使用软件默认的样式创建表格,还可以根据自己的需要自定义表格样式。

利用 AutoCAD 2010 的表格功能,可以方便、快速地绘制图纸所需的表格,如明细表、标题栏等。

1. 创建表格样式

表格样式和文字样式一样,所有 AutoCAD 图形中的表格都有与其相对应的表格样式。当插入表格对象时,系统使用当前设置的表格样式。表格样式是用来控制表格基本形状和间距的一组设置。系统默认情况下只有一种表格样式 Standard,用户可根据需要选择"格式"→"表格样式"命令,对原有的表格样式进行修改或自定义表格样式。

表格是在行和列中包含数据的对象,在工程图中会大量使用表格,例如标题栏和明细表等。表格的外观由表格样式控制,因此首先创建或选择一种表格样式,然后再创建表格。

命令执行方式:
(1)菜单栏:选择"格式"→"表格样式"命令。

(2)工具栏:单击"注释"工具栏中的"表格样式"按钮 表格样式。
(3)命令行:在命令行中输入 TABLESTYLE。

调用"表格样式"命令后,弹出图 7.15 所示的"表格样式"对话框。

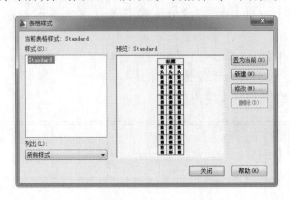

图 7.15 "表格样式"对话框

单击"新建"按钮,弹出"创建新的表格样式"对话框,如图 7.16 所示。

图 7.16 "创建新的表格样式"对话框

在"创建新的表格样式"对话框中完成新样式名设置,这里将表格样式命名为"机械制图",然后单击"继续"按钮,弹出图 7.17 所示的"新建表格样式"对话框。

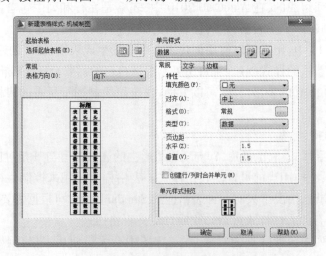

图 7.17 "新建表格样式"对话框

"新建表格样式"对话框的"单元样式"下拉列表框中有三个选项,即"数据""表头""标题",分别控制表格中数据、列标题和总标题的有关参数。

在"新建表格样式"对话框的"单元样式"选项组中有三个选项卡,分别介绍如下:

(1)"常规"选项卡:用于控制数据栏格与标题栏格的上下位置关系。

(2)"文字"选项卡:用于设置文字属性,选择该选项卡,在"文字样式"下拉列表框中可以选择已定义的文字样式并应用于数据文字,也可以单击右侧的 按钮重新定义文字样式。其中"文字高度""文字颜色""文字角度"选项设定的相应参数格式可供用户选择。

(3)"边框"选项卡:用于设置表格的边框属性,下面的边框线按钮控制数据边框的各种形式,如绘制所有数据边框线、只绘制数据边框外部边框线、只绘制数据边框内部边框线、无边框线、只绘制底部边框线等。选项卡中的"线宽""线型""颜色"下拉列表框则用于控制边框线的线宽、线型和颜色;选项卡中的"间距"文本框用于控制单元边界和内容之间的间距。

完成以上各项设置后,单击"确定"按钮,此时表格样式对话框的样式列表中会显示出含有新建表格样式名的标题栏,单击"关闭"按钮,完成表格样式的设置。

2. 创建表格

1)命令执行方式

(1)菜单栏:选择"绘图"→"表格"命令。

(2)工具栏:单击"绘图"工具栏中的 按钮。

(3)命令行:在命令行中输入 TABLE。

2)操作步骤

调用该命令后,AutoCAD 2010 的命令行将提示:"指定插入点:",在绘图区域中拾取一点作为表格的插入点,然后绘图区域将弹出图 7.18 所示的"插入表格"对话框。在此对话框中可设置表格的表格样式,表格列数、列宽、行数、行高等。表格中,单元类型被分为三类,分别是标题(表格第一行)、表头(表格第二行)和数据,这一点通过表格预览区可查看。默认情况下,在"设置单元样式"选项组中可设置数据单元的格式。完成上述参数设置后,按【Enter】键,完成表格的插入,用户可根据需要在表格中填写内容。

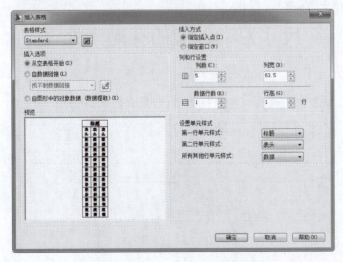

图 7.18 "插入表格"对话框

3. 在表格对象中填写文字

在表格单元中可以很方便地填写文字信息。使用 TABLE 命令创建表格后，系统会高亮度显示表格的第一个单元，同时打开"多行文字"编辑器，此时即可输入文字。此外用户双击某一单元也能将其激活，从而可在其中填写或修改文字。当要移动到相邻的下一个单元时，可按【Tab】键，或者使用键盘方向键向左（右、上、下）移动。

项目总结

本项目主要介绍了 AutoCAD 2010 文字、表格样式的设置，文字、表格的创建与编辑，以及从其他文字处理软件中导入文字的方法。

AutoCAD 图形文字的外观由文字样式控制。默认情况下，当前文字样式是 Standard，但是用户可以创建新的文字样式。文字样式是文字设置的集合，它决定了文字的字体、高度和倾斜角度等特性，通过修改某些设定即可快速改变文字的外观。AutoCAD 提供了灵活创建文字信息的方法。对于较简短的文字项目可以使用单行文字，而对于较复杂的输入项目则应使用多行文字。

文字、表格是 CAD 制图中重要的图形对象，起着注释、说明和规范等重要作用。它们描述着图形中各个部分的大小和对应位置，规范着图纸页面的要求。

项目实训

实训任务一 创建图 7.19 所示技术要求中的文字。

文字编辑是对标注的文字进行调整的重要手段。本例通过添加技术要求文字，让读者掌握文字，尤其是特殊符号的编辑方法和技巧。

操作提示：

（1）用 MTEXT 命令，在打开的文字编辑器中输入要添加的文字。

（2）在输入尺寸公差时要注意，一定要输入"+0.05^-0.06"，然后选择这些文字，单击"文字格式"对话框中的"堆叠"按钮。

$$尺寸为 \phi 30^{+0.05}_{-0.06} 的孔抛光处理$$

图 7.19　技术要求

实训任务二 填写明细表及创建多行文字，结果如图 7.20 所示。

门窗编号	洞口尺寸	数量	位置
M1	4260×2700	2	阳台
M2	1500×2700	1	主入口
C1	1800×1800	2	楼梯间
C2	1020×1500	2	卧室

图 7.20　技术要求

（1）打开素材文件 DWG\7-2.dwg。

(2)用 DTEXT 命令在表格的第一行中书写文字"门窗编号",如图 7.21 所示。
(3)用 COPY 命令将其由 A 点复制到 B、C、D 点,如图 7.22 所示。

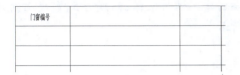

图 7.21 书写单行文字

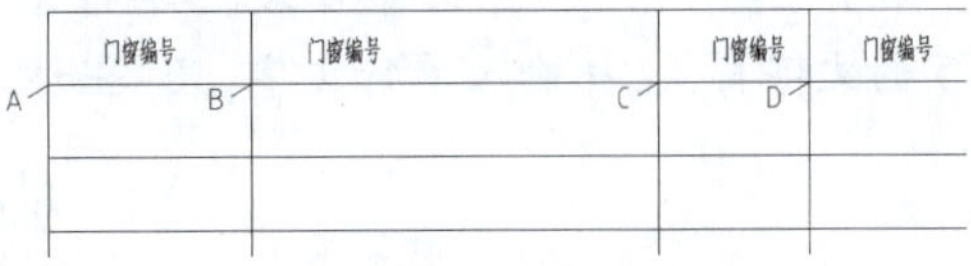

图 7.22 复制文字

(4)用 DDEDIT 命令修改文字内容,再用 MOVE 命令调整文字的位置,结果如图 7.23 所示。
(5)将已填好的文字向下复制,如图 7.24 所示。

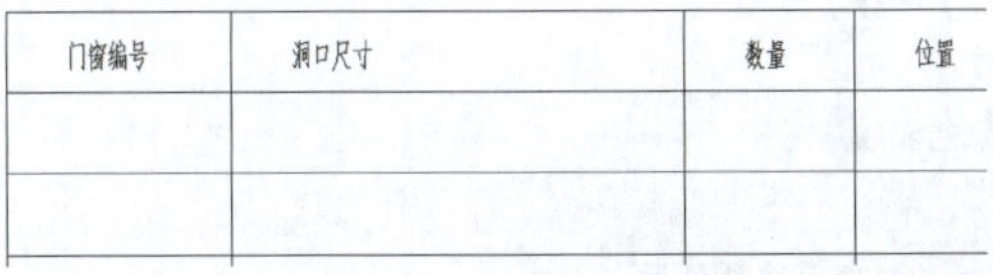

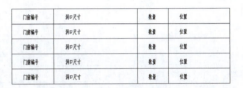

图 7.23 书写单行文字

图 7.24 复制文字

(6)用 DDEDIT 命令修改文字内容,结果如图 7.20 所示。

实训任务三 创建图 7.25 所示管道配件明细表。

明细表是工程制图中常用的表格,本例通过绘制"管道配件明细表",要求读者掌握表格相关命令的用法,体会表格功能的便捷性。

操作提示:
(1)设置表格样式。
(2)插入表格,并调整列宽。
(3)输入相应的文字和数据。

9	闸阀			实算	个	依管径确定
8	铸铁管	DN500	铸铁	1	个	
7	铸铁管	DN800	铸铁	2	个	
6	铸铁管	DN900	铸铁	3	个	
5	三通		铸铁	1	个	
4	90°弯头	DN800	铸铁	2	个	
3	防水套管	DN500		1	个	
2	防水套管	DN800		2	个	
1	防水套管	DN900		2	个	
序号	名 称	规 格	材 质	数量	单位	备 注

图 7.25 管道配件明细表

项目拓展

拓展任务一 使用"文字样式""单行文字"命令创建字体为宋体、高度为5、宽度比例为0.75的文字样式,并输入单行文字,效果如图7.26所示。

机械制图

图7.26 单行文字

拓展任务二 打开素材文件 dwg\CH07\xt-1.dwg,如图7.27所示。在图中加入单行文字,字高为3.5,字体为"楷体-GB2312"。

拓展任务三 打开素材文件 dwg\CH07\xt-2.dwg,在图中添加单行及多行文字,如图7.28所示。

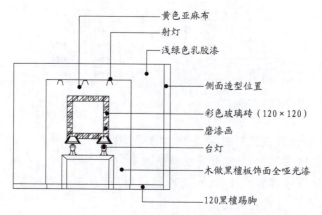

图7.27 添加单行文字

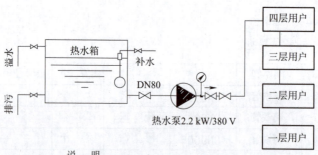

图7.28 添加单行文字和多行文字

拓展任务四 打开素材文件 dwg\第7章\xt-3.dwg,如图7.29所示。在表格中填写单行文字,字高分别为500和350,字体为 gbcbig.shx。

类别	设计编号	洞口尺寸/mm		樘数	采用标准图集及编号		备 注
		宽	高		图集代号	编号	
门	M1	1 800	2 300	1			不锈钢门(样式由业主自定)
	M2	1 500	2 200	1			实木门(样式由业主自定)
	M3	1 500	2 200	1			夹板门(样式由业主自定)
	M4	900	2 200	11			夹板门(样式由业主自定)
窗	C1	2 350,3 500	6 400	1	98ZJ721		铝合金窗(详见大样)
	C2	2 900,2 400	7 700	1	98ZJ721		铝合金窗(详见大样)
	C3	1 800	2 550	1	98ZJ721		铝合金窗(详见大样)
	C4	1 800	2 250	2	98ZJ721		铝合金窗(详见大样)

图 7.29　在表格中填写单行文字

拓展任务五　使用 TABLE 命令创建表格,然后修改表格并填写文字,文字高度为 3.5,字体为"仿宋",结果如图 7.30 所示。

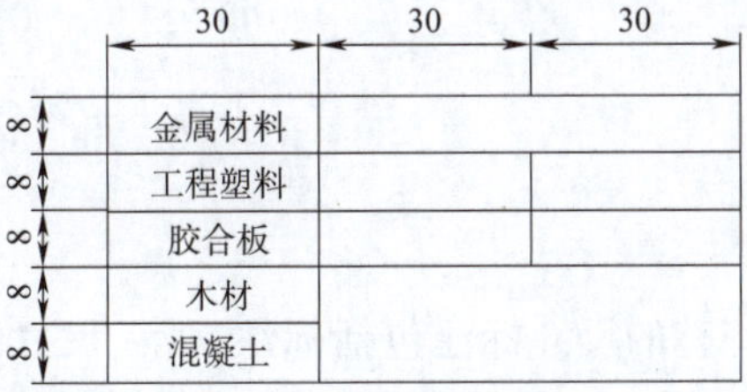

图 7.30　创建表格对象

拓展任务六　使用 TABLE 命令,创建图 7.31 所示的表格,并在表格中输入相关文字(字高为 5,数据对齐方式为"正中",其他参数自定)。

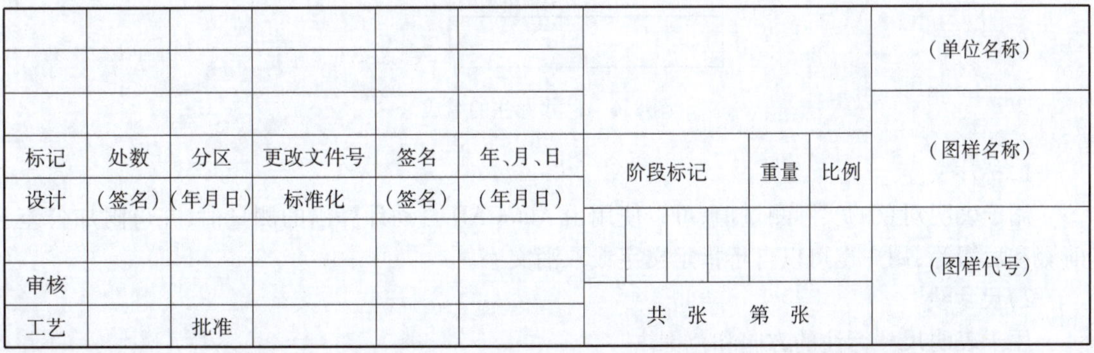

图 7.31　表格的绘制

项目八　尺寸标注

通过学习本项目,你将了解到:
(1)尺寸标注的组成、规则、创建步骤,以及各种尺寸标注的命令。
(2)尺寸标注样式的创建与设计。
(3)长度、圆心、半径、直径、角度、尺寸公差以及其他类型标注的表示方法。

项目说明

尺寸标注是工程制图中一项必不可少的内容,是将图形进行参数化的最直观表现,也是制图的一个重要操作环节。通过各种几何图元的排列组合,仅能体现出零件的结构形态,只有通过精确的尺寸标注,才可以表达出零件图各部件之间的实际大小及相互位置关系,以方便零件等的现场加工。

项目准备

1. 尺寸标注的组成

AutoCAD 2010 中,一个完整的尺寸标注包括标注文字、尺寸线、延伸线和箭头四部分,如图 8.1 所示。

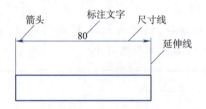

图 8.1　尺寸标注的组成

1)标注文字

用于表明对象的实际测量值,可以使用由 AutoCAD 自动计算出的测量值,并可附加公差、前缀和后缀等,用户也可以自行指定文字或取消文字。

2)尺寸线

用于表明尺寸标注的方向和范围。

3)延伸线

延伸线是从被标注的对象延伸到尺寸线的短线,尺寸延伸线一般与尺寸线垂直,但在特殊情况下也可以将尺寸延伸线倾斜。

4)箭头

用于指出测量的开始位置和结束位置。需要注意的是:这里的"箭头"是一个广义的概念,AutoCAD 2010 中提供了多种符号可供选择,用户也可以根据实际情况选用短画线、点或其他标记代替尺寸箭头。

2. 尺寸标注的类型

AutoCAD 2010 中将尺寸标注分为线性标注、对齐标注、角度标注、弧长标注、半径标注、直径标注、坐标标注、折弯标注、引线标注、基线标注、连续标注等多种类型,其中线性标注又分为水平标注、竖直标注和旋转标注。

3. 尺寸标注的规则

在 AutoCAD 2010 中,对绘制的图形进行尺寸标注时,应遵循以下规则:

(1)对象的真实大小应以图纸上所标注的尺寸数值为依据,与图形的大小以及绘图的准确度无关。

(2)图形中的尺寸以毫米(mm)为单位时,不需要标注计量单位的代号或名称。如采用其他单位,则必须注明相应计量单位的代号或名称,如度、厘米或米等。

(3)图形中所标注的尺寸为该图形所表示的对象的最后完工尺寸,否则应另加说明。对象的每一个尺寸一般只标注一次,并应标注在最后反映该对象最清晰的图形上。

4. 尺寸标注的步骤

在 AutoCAD 2010 中,对图形进行尺寸标注应遵循以下步骤:

(1)建立尺寸标注层:在 AutoCAD 中编辑、修改工程图样时,由于各种图线与尺寸混杂在一起,使得其操作非常不方便。为了便于控制尺寸标注对象的显示与隐藏,在 AutoCAD 2010 中要为尺寸标注创建独立的图层,并运用图层技术使其与图形的其他信息分开,以便于操作。

(2)创建用于尺寸标注的文字样式:为了方便尺寸标注时修改所标注的各种文字,应建立专门用于尺寸标注的文字样式。在建立尺寸标注文字样式时,应将文字高度设置为0,如果文字类型的默认高度不为0,则"修改标注样式"对话框"文字"选项卡中"文字高度"文本框将不起作用。建立用于尺寸标注的文字样式,样式名为"标注尺寸文字"。

(3)依据图形的大小和复杂程度,配合将选用的图幅规格,确定比例:在 AutoCAD 2010 中,一般按 1:1 尺寸绘图,在图形上要进行标注,必须考虑相应的文字和箭头等因素,以确保按比例输出后的图纸符合国家标准。因此,必须首先确定比例,并由这个比例指导标注样式中的"标注特征比例"的填写。

(4)设置尺寸标注样式:标注样式是尺寸标注对象的组成方式。诸如标注文字的位置和大小、箭头的形状等。设置尺寸标注样式可以控制尺寸标注的格式和外观,有利于执行相关的绘图标准。

(5)捕捉标注对象并进行尺寸标注。

任务一 创建与设计标注样式

尺寸标注是一个复合体,它以块的形式存储在图形中,其组成部分包括尺寸线、尺寸延伸线、标注文字和箭头,所有这些组成部分的格式都由尺寸样式控制。尺寸样式是尺寸变量的集合,这些变量决定了尺寸标注中各元素的外观,用户只要调整样式中的某些尺寸变量,就能灵活地变动标注外观。

在标注尺寸前,用户一般都要创建尺寸样式,否则,AutoCAD 将使用默认样式生成尺寸标注。AutoCAD 可以定义多种不同的标注样式并为其命名,标注时,只需指定某个样式为当前样式,就能创建相应的标注形式。

1. 创建标注样式

1) 命令调用方式

(1) 命令行:在命令行中输入 DIMSTYLE。

(2) 菜单栏:选择"标注"→"标注样式"命令。

(3) 工具栏:单击"注释"工具栏中的"标注样式"按钮 标注样式。

执行上述任意一个操作,弹出图 8.2 所示的"标注样式管理器"对话框。

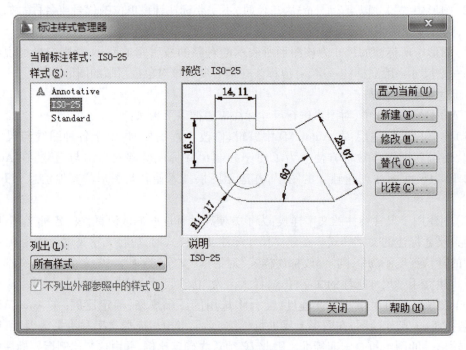

图 8.2 "标注样式管理器"对话框

"当前标注样式"标签:显示出当前标注样式的名称。

"样式"列表框:用于列出已有标注样式的名称。

"列出"下拉列表框:确定要在"样式"列表框中列出哪些标注样式。

"预览"图片框:用于预览在"样式"列表框中所选中标注样式的标注效果。

"说明"标签框:用于显示在"样式"列表框中所选定的标注样式。

"置为当前"按钮:把指定的标注样式置为当前样式。

"新建"按钮:用于创建新标注样式。

"修改"按钮:用于修改已有标注样式。

"替代"按钮:用于设置当前样式的替代样式。

"比较"按钮:用于对两个标注样式进行比较,或了解某一样式的全部特性。可以根据需要调整各部分按键的设置。

2）创建步骤

在"标注样式管理器"对话框中单击"新建"按钮，弹出图8.3所示的"创建新标注样式"对话框。

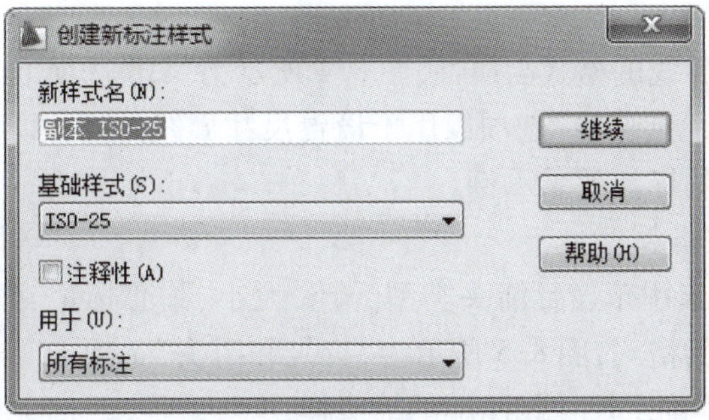

图8.3 "创建新标注样式"对话框

"新样式名"文本框：可指定新样式的名称。

"基础样式"下拉列表框：确定创建新样式的基础样式。

"用于"下拉列表框：可确定新建标注样式的适用范围。该下拉列表中有"所有标注""线性标注""角度标注""半径标注""直径标注""坐标标注""引线和公差"等选项，分别用于使新样式适于对应的标注。

确定新样式的名称和有关设置后，单击"继续"按钮，弹出"新建标注样式"对话框，如图8.4所示，则此时建立的新样式名即为"副本 ISO-25"。

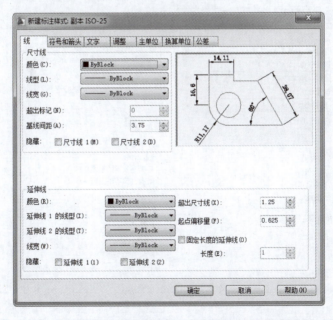

图8.4 "新建标注样式"对话框的"线"选项卡

2. 设计标注样式

标注样式的设计主要是在"新建标注样式"对话框中完成，在"新建标注样式"对话框中有"线""符号和箭头""文字""调整""主单位""换算单位""公差"七个选项卡，下面分别介绍如何设计各选项卡。

1)"线"选项卡

设置尺寸线和尺寸界线的格式与属性，图8.4所示为"线"选项卡，其中，"尺寸线"选项组用于设置尺寸线的样式，"延伸线"选项组用于设置尺寸界线的样式。预览窗口中可根据当前的样式设置显示出对应的标注效果示例。

2)"符号和箭头"选项卡

"符号和箭头"选项卡用于设置箭头类型、箭头大小、圆心标记、弧长符号、半径折弯标注以及线性折弯标注方面的格式，图8.5所示为"符号和箭头"选项卡。

"箭头"选项组：用于确定尺寸线两端的箭头样式。

"圆心标记"选项组：用于确定当对圆或圆弧执行标注圆心标记操作时，圆心标记的类型与大小。

"折断标注"选项：确定在尺寸线或延伸线与其他线重叠处打断尺寸线或延伸线时的尺寸。

"弧长符号"选项组：用于为圆弧标注长度尺寸时的设置。

"半径标注折弯"选项：通常用于设置标注尺寸的圆弧的中心点位于较远位置时。

"线性折弯标注"选项：用于线性折弯标注设置。

图8.5 "新建标注样式"对话框的"符号和箭头"选项卡

3)"文字"选项卡

"文字"选项卡用于设置尺寸文字的外观、位置以及对齐方式等,图 8.6 所示为"文字"选项卡。

"文字外观"选项组:用于设置尺寸文字的样式等。

"文字位置"选项组:用于设置尺寸文字的位置。

"文字对齐"选项组:用于确定尺寸文字的对齐方式。

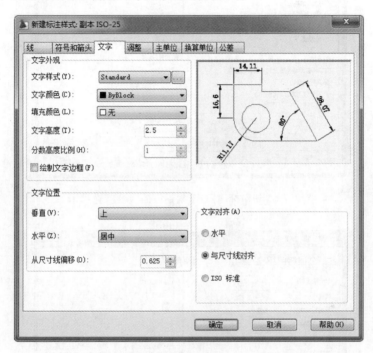

图 8.6 "新建标注样式"对话框的"文字"选项卡

4)"调整"选项卡

"调整"选项卡用于控制尺寸文字、尺寸线以及尺寸箭头等的位置和其他一些特征,图 8.7 所示为"调整"选项卡。

"调整选项"选项组:确定当尺寸界线之间没有足够的空间同时放置尺寸文字和箭头时,应首先从尺寸界线之间移出尺寸文字和箭头的哪一部分,用户可通过该选项组中的各单选按钮进行选择。

"文字位置"选项组:当尺寸文字不在默认位置时,确定应将尺寸文字放在何处。

"标注特征比例"选项组:用于设置所标注尺寸的缩放关系。

"优化"选项组:用于设置标注尺寸时是否进行附加调整。

5)"主单位"选项卡

"主单位"选项卡用于设置主单位的格式、精度以及尺寸文字的前缀和后缀,图 8.8 所示为"主单位"选项卡。

"线性标注"选项组:用于设置线性标注的格式与精度。

"角度标注"选项组:确定标注角度尺寸时的单位、精度以及是否消零。

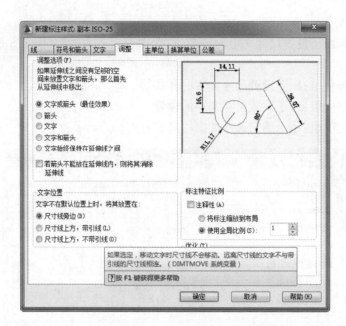

图 8.7 "新建标注样式"对话框的"调整"选项卡

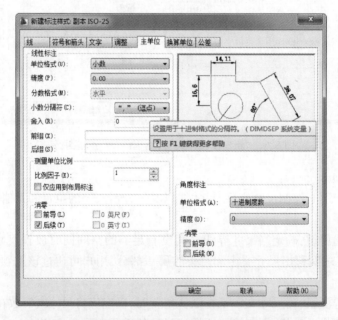

图 8.8 "新建标注样式"对话框的"主单位"选项卡

6)"换算单位"选项卡

"换算单位"选项卡用于确定是否使用换算单位以及换算单位的格式,图 8.9 所示为"换算单位"选项卡。

"显示换算单位"复选框:用于确定是否在标注的尺寸中显示换算单位。

"换算单位"选项组:确定换算单位的单位格式、精度等设置。

"消零"选项组:确定是否消除换算单位的前导或后续。

"位置"选项组:用于确定换算单位的位置。用户可在"主值后"与"主值下"之间选择。

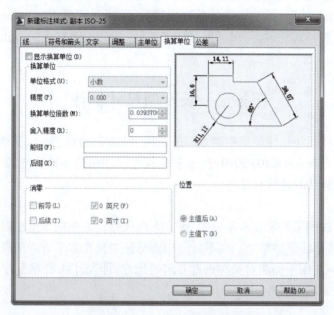

图 8.9 "新建标注样式"对话框的"换算单位"选项卡

7)"公差"选项卡

"公差"选项卡用于确定是否标注公差,在默认情况下,"方式"下拉列表框显示"无",如果需要标注公差的话,可以根据情况选择公差的表现形式,图 8.10 所示为"公差"选项卡。

图 8.10 "新建标注样式"对话框的"公差"选项卡

"公差格式"选项组:用于确定公差的标注格式。

"换算单位公差"选项组:确定当标注换算单位时换算单位公差的精度与是否消零。

利用"新建标注样式"对话框设置好所有参数后,单击对话框中的"确定"按钮,完成样式的设置,返回到"标注样式管理器"对话框,单击"关闭"按钮关闭对话框,完成尺寸标注样式的设置。

任务二　长度型尺寸标注

长度型尺寸标注用于标注图形中两点间的长度,可以是端点、交点、圆弧弦线端点或能够识别的任意两个点。在 AutoCAD 2010 中,长度型尺寸标注包括多种类型,如线性标注、对齐标注、弧长标注、基线标注和连续标注等。

1. 线性标注

线性标注指标注图形对象在水平方向、垂直方向或指定方向的长度型尺寸,又分为水平标注、垂直标注和旋转标注三种类型。水平标注用于标注对象在水平方向的尺寸,即尺寸线沿水平方向放置;垂直标注用于标注对象在垂直方向的尺寸,即尺寸线沿垂直方向放置;旋转标注则标注对象沿指定方向的尺寸。

1)命令调用方式

(1)命令行:在命令行中输入 DIMLINEAR。

(2)菜单栏:单击"菜单浏览器"按钮,选择"标注"→"线性"命令。

(3)工具栏:在"功能区"选项板中单击"注释"工具栏中的"线性"按钮。

2)操作步骤

执行"线性"命令,AutoCAD 2010 的命令行中将提示:

```
命令:DIMLINEAR
指定第一条延伸线原点或 <选择对象>:
```

在"指定第一条尺寸界线原点或<选择对象>:"提示下,用户有两种选择,①确定一点作为第一条尺寸界线的起始点;②直接按【Enter】键选择对象,具体操作如下:

(1)指定第一条尺寸界线原点。执行"线性标注"命令,命令行中将提示:

```
命令:DIMLINEAR
指定第一条延伸线原点或 <选择对象>:
指定第二条延伸线原点:
指定尺寸线位置或[多行文字(M)/文字(T)/角度(A)/水平(H)/垂直(V)/旋转(R)]:
```

指定第二条延伸线原点:即确定另一条尺寸线的起始点位置。

指定尺寸线位置或[多行文字(M)/文字(T)/角度(A)/水平(H)/垂直(V)/旋转(R)]:其中,"指定尺寸线位置"选项用于确定尺寸线的位置,通过拖动鼠标的方式确定尺寸线的位置后,单击拾取键,AutoCAD 2010 将根据自动测量出的两尺寸界线起始点间的对应距离值标注出尺寸;如需修改标注文字数值、高度、方向等参数,可在确定尺寸线位置前执行"多行文字""文字""角度""水平""垂直""旋转"等命令,即在命令行中输入各命令对应的字母,依次为 M、T、A、H、V、R 即可,各选项的功能如下:

"多行文字"命令:用于根据文字编辑器输入尺寸文字。
"文字"命令:用于输入尺寸文字。
"角度"命令:用于确定尺寸文字的旋转角度。
"水平"命令:用于标注水平尺寸,即沿水平方向的尺寸。
"垂直"命令:用于标注垂直尺寸,即沿垂直方向的尺寸。
"旋转"命令:用于旋转标注,即标注沿指定方向的尺寸。
用户可根据需要选择所需命令。

(2)选择对象。如果在"指定第一条尺寸界线原点或<选择对象>:"提示下直接按【Enter】键,即执行<选择对象>命令,按照如上操作执行"线性标注"命令,命令行中将提示:

命令:DIMLINEAR
指定第一条延伸线原点或 <选择对象>:
选择标注对象:
指定尺寸线位置或[多行文字(M)/文字(T)/角度(A)/水平(H)/垂直(V)/旋转(R)]:

命令行提示"选择标注对象:",要求用户选择要标注尺寸的对象,选择标注对象后,AutoCAD 2010 将该对象的两端点作为两条尺寸界线的起始点,并提示"指定尺寸线位置或[多行文字(M)/文字(T)/角度(A)/水平(H)/垂直(V)/旋转(R)]:",对此提示的操作与前面介绍的操作相同,用户响应即可。

【案例 8-1】对图 8.11(a)原图进行标注,操作结果如图 8.11(b)、(c)所示。

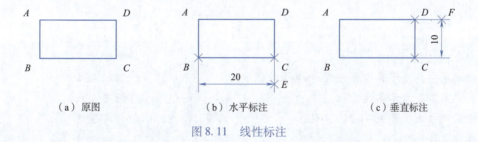

(a)原图   (b)水平标注   (c)垂直标注

图 8.11 线性标注

命令:DIMLINEAR   //执行线性标注命令
指定第一条尺寸界线原点或 <选择对象>:↙   //指定 B 点
指定第二条尺寸界线原点:
指定尺寸线位置或↙   //指定 C 点
[多行文字(M)/文字(T)/角度(A)/水平(H)/垂直(V)/旋转(R)]:↙
                                         //指定 E 点
标注文字=20
命令:DIMLINEAR   //执行线性标注命令

```
指定第一条尺寸界线原点或 <选择对象>:↙            //指定C点
指定第二条尺寸界线原点:
指定尺寸线位置或↙                               //指定D点
[多行文字(M)/文字(T)/角度(A)/水平(H)/垂直(V)/旋转(R)]:↙指定F点
标注文字 =20
```

2. 对齐标注

1)命令调用方式

(1)命令行:在命令行中输入 DIMALIGNED。
(2)菜单栏:单击"菜单浏览器"按钮,选择"标注"→"对齐"命令。
(3)工具栏:单击"注释"选项卡"标注"面板中的"对齐"按钮。

2)操作步骤

执行"对齐标注"命令,可以对对象进行对齐标注,命令行将提示如下信息:"指定第一条尺寸界线原点或<选择对象>:",随后的操作方法同"线性标注",这里不做详细介绍。

【案例8-2】对三角形 ABC 进行对齐标注,标注结果如图8.12(b)所示。

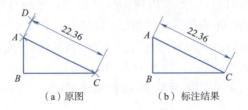

(a)原图　　　　　　(b)标注结果

图8.12　对齐标注

```
命令:DIMALIGNED                                //执行对齐标注命令
指定第一条尺寸界线原点或 <选择对象>:↙           //指定A点
指定第二条尺寸界线原点:↙                        //指定C点
指定尺寸线位置或[多行文字(M)/文字(T)/角度(A)]:↙  //指定D点
标注文字 =22.36
```

3. 弧长标注

1)命令调用方式

(1)命令行:在命令行中输入 DIMARC。
(2)菜单栏:单击"菜单浏览器"按钮,选择"标注"→"弧长"命令。
(3)工具栏:单击"注释"选项卡"标注"面板中的"弧长"按钮。

2)操作步骤

执行"弧长标注"命令,可以标注圆弧线段或多段线圆弧线段部分的弧长,当选择需要的标注对象后,命令行将提示:"指定弧长标注位置或[多行文字(M)/文字(T)/角度(A)/部分(P)/引线(I)]:",依照需要执行相应操作。

【案例8-3】对圆弧进行弧长标注,标注结果如图8.13所示。

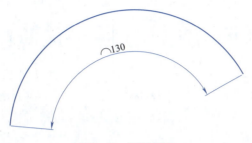

图8.13 弧长标注

命令:DIMARC　　　　　　　　　　　　　　　　//执行弧长标注命令
选择弧线段或多段线弧线段:✓　　　　　　　　　//选择圆弧
指定弧长标注位置或[多行文字(M)/文字(T)/角度(A)/部分(P)/引线(L)]:✓
标注文字 = 130

4. 基线标注

基线标注指各尺寸线从同一条尺寸界线处引出。

1)命令调用方式

(1)命令行:在命令行中输入 DIMBASELINE。
(2)菜单栏:单击"菜单浏览器"按钮,选择"标注"→"基线"命令。
(3)工具栏:单击"注释"选项卡"标注"面板中的"基线"按钮。

2)操作步骤

执行"基线标注"命令,可以创建一系列由相同的标注原点测量出来的标注,当选择需要的标注对象后,命令行将提示如下信息:

指定第二条尺寸界线原点或[放弃(U)/选择(S)]<选择>:

(1)指定第二条尺寸界线原点。确定下一个尺寸的第二条尺寸界线的起始点。确定后 AutoCAD 按基线标注方式标注出尺寸,而后继续提示:"指定第二条尺寸界线原点或[放弃(U)/选择(S)]<选择>:",此时可再确定下一个尺寸的第二条尺寸界线起点位置。用此方式标注出全部尺寸后,在同样的提示下按【Enter】键或【Space】键,结束命令的执行。

(2)选择(S)。该选项用于指定基线标注时作为基线的尺寸界线。执行该选项,AutoCAD 2010 提示:"选择基准标注:",在该提示下选择尺寸界线后,AutoCAD 2010 继续提示:"指定第二条尺寸界线原点或[放弃(U)/选择(S)]<选择>:",在该提示下标注出的各尺寸均从指定的基线引出。执行基线尺寸标注时,有时需要先执行"选择(S)"选项指定引出基线尺寸的尺寸界线。

【案例8-4】在首次创建基线标注时必须先进行线性标注,本例标注结果如图8.14所示。

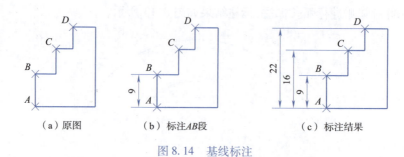

(a) 原图　　　　　(b) 标注AB段　　　　　(c) 标注结果

图8.14　基线标注

```
命令:DIMLINEAR                                    //执行线性标注命令
指定第一条尺寸界线原点或 <选择对象>：              //指定 A 点
指定第二条尺寸界线原点：
指定尺寸线位置或                                  //指定 B 点
[多行文字(M)/文字(T)/角度(A)/水平(H)/垂直(V)/旋转(R)]:
                                                  //指定尺寸线位置点
标注文字 =9
命令:DIMBASELINE                                  //执行基线标注命令
指定第二条尺寸界线原点或[放弃(U)/选择(S)] <选择>：    //指定 C 点
标注文字 =16
指定第二条尺寸界线原点或[放弃(U)/选择(S)] <选择>：    //指定 D 点
标注文字 =22
指定第二条尺寸界线原点或[放弃(U)/选择(S)] <选择>：
                                                  //按【Enter】键结束命令
```

5. 连续标注

1) 命令调用方式

(1) 命令行:在命令行中输入 DIMCONTINUE。

(2) 菜单栏:单击"菜单浏览器"按钮,选择"标注"→"连续"命令。

(3) 工具栏:单击"注释"选项卡"标注"面板中的"连续"按钮。

2) 操作步骤

执行"连续标注"命令,可以创建一系列端对端放置的标注,每个连续标注都从前一个标注的第二个尺寸界线处开始继续标注。连续标注指在标注出的尺寸中,相邻两尺寸线共用同一条尺寸界线。

执行该命令后,AutoCAD 2010 将提示:"指定第二条尺寸界线原点或[放弃(U)/选择(S)] <选择>："。

(1) 指定第二条尺寸界线原点。确定下一个尺寸的第二条尺寸界线的起始点。用户响应后,AutoCAD 按连续标注方式标注出尺寸,即把上一个尺寸的第二条尺寸界线作为新尺寸标注的第一条尺寸界线标注尺寸,而后 AutoCAD 继续提示:"指定第二条尺寸界线原点或[放弃(U)/选择(S)] <选择>：",此时可再确定下一个尺寸的第二条尺寸界线的起点位置。当用此方式标注出全部尺寸后,在上述同样的提示下按【Enter】键或【Space】键,结束命令的执行。

(2)<选择>。该选项用于指定连续标注将从哪一个尺寸的尺寸界线引出。执行该选项,AutoCAD 2010 提示:"选择连续标注:",在该提示下选择尺寸界线后,AutoCAD 2010 会继续提示:"指定第二条尺寸界线原点或[放弃(U)/选择(S)]<选择>:",在该提示下标注出的下一个尺寸会以指定的尺寸界线作为其第一条尺寸界线。执行连续尺寸标注时,有时需要先执行"选择(S):"选项来指定引出连续尺寸的尺寸界线。

【案例 8-5】在首次使用连续标注之前必须先进行线性标注如图 8.15 所示。

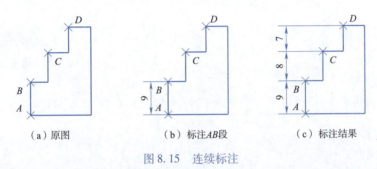

(a)原图　　　　　　　(b)标注 AB 段　　　　　　(c)标注结果

图 8.15　连续标注

```
命令:DIMCONTINUE                                          //执行连续标注命令
指定第二条尺寸界线原点或[放弃(U)/选择(S)]<选择>:    //指定 C 点
标注文字 =8
指定第二条尺寸界线原点或[放弃(U)/选择(S)]<选择>:    //指定点 D
标注文字 =7
指定第二条尺寸界线原点或[放弃(U)/选择(S)]<选择>:
选择连续标注:                                             //按【Enter】键结束命令
```

任务三　半径、直径和圆心标注

1. 半径标注

1)命令调用方式

(1)命令行:在命令行中输入 DIMRADIUS。

(2)菜单栏:单击"菜单浏览器"按钮,选择"标注"→"半径"命令。

(3)工具栏:单击"注释"选项卡"标注"面板中的"半径"按钮 ⊙。

2)操作步骤

执行"半径标注"命令,可以为圆或圆弧标注半径尺寸。当选择需要的标注对象后,命令行将提示如下信息:"选择圆弧或圆:",选择要标注半径的圆弧或圆,然后 AutoCAD 2010 命令行中提示:"指定尺寸线位置或[多行文字(M)/文字(T)/角度(A)]:",根据需要响应即可。

【案例 8-6】半径标注示例如图 8.16(d)所示。

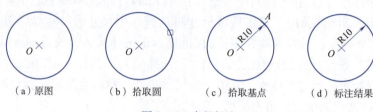

图 8.16 半径标注

```
命令:DIMRADIUS                                    //执行半径标注命令
选择圆弧或圆:                                      //拾取圆 O
标注文字 =10
指定尺寸线位置或[多行文字(M)/文字(T)/角度(A)]:    //指定 A 点
```

2. 直径标注

1) 命令调用方式

(1) 命令行:在命令行中输入 DIMDIAMETER 或 DIMDIA。
(2) 菜单栏:单击"菜单浏览器"按钮,选择"标注"→"直径"命令。
(3) 工具栏:单击"注释"选项卡"标注"面板中的"直径"按钮。

2) 操作步骤

执行"直径标注"命令,可以为圆或圆弧标注直径尺寸。当选择需要的标注对象后,命令行将提示如下信息:"选择圆弧或圆:",选择要标注直径的圆弧或圆,然后 AutoCAD 2010 命令行中提示:"指定尺寸线位置或[多行文字(M)/文字(T)/角度(A)]",根据需要响应即可。

如果在该提示下直接确定尺寸线的位置,AutoCAD 2010 按实际测量值标注出圆或圆弧的直径。也可以通过"多行文字(M)""文字(T)""角度(A)"选项确定尺寸文字和尺寸文字的旋转角度。

【案例 8-7】直径标注示例如图 8.17 所示。

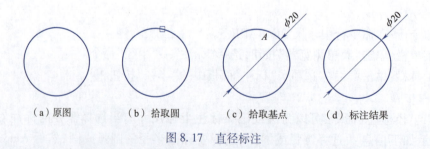

图 8.17 直径标注

```
命令:DIMDIAMETER                                  //执行标注直径命令
选择圆弧或圆:                                     //拾取圆
```

标注文字 =20
指定尺寸线位置或[多行文字(M)/文字(T)/角度(A)]: //指定点A

3. 圆心标记

1)命令调用方式

(1)命令行:在命令行中输入 DIMCENTER。
(2)菜单栏:单击"菜单浏览器"按钮,选择"标注"→"圆心标记"命令。
(3)工具栏:单击"注释"选项卡"标注"面板中的"圆心标记"按钮。

2)操作步骤

执行"圆心标记"命令,为圆或圆弧绘圆心标记或中心线。当选择需要的标注对象后,命令行将提示:"选择圆弧或圆:",在该提示下选择圆弧或圆即可。

【案例 8-8】圆心标记示例如图 8.18 所示。

（a）原图　　（b）标注结果

图 8.18　圆心标记

命令:DIMCENTER　　　　　　　　　　//执行圆心标记命令
选择圆弧或圆:　　　　　　　　　　　//拾取圆

任务四　角度标注与其他类型的标注

1. 角度标注

1)命令调用方式

(1)命令行:在命令行中输入 DIMANGULAR。
(2)菜单栏:单击"菜单浏览器"按钮,选择"标注"→"角度"命令。
(3)工具栏:单击"注释"选项卡"标注"面板中的"角度"按钮。

2)操作步骤

执行"角度标注"命令,可以对两条不平行的直线、圆弧、圆及任意三点等对象进行角度的标注。当选择需要的标注对象后,命令行将提示:

选择圆弧、圆、直线或<指定顶点>:
选择第二条直线:
指定标注弧线位置或[多行文字(M)/文字(T)/角度(A)/象限点(Q)]:

【案例 8-9】对角 ABC 进行标注,如图 8.19 所示。

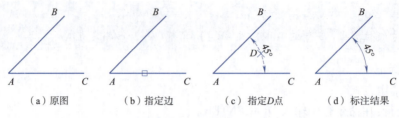

(a) 原图　　　　　(b) 指定边　　　　(c) 指定D点　　　　(d) 标注结果

图8.19　角度标注

```
命令:DIMANGULAR                                    //执行角度标注命令
选择圆弧、圆、直线或＜指定顶点＞:                  //拾取 AB 边
选择第二条直线:                                    //拾取 AC 边
指定标注弧线位置或[多行文字(M)/文字(T)/角度(A)]:  //指定 D 点
```

2. 折弯标注

1) 命令调用方式

(1) 命令行:在命令行中输入 DIMJOGGED。
(2) 菜单栏:单击"菜单浏览器"按钮,选择"标注"→"折弯"命令。
(3) 工具栏:单击"注释"选项卡"标注"面板中的"折弯"按钮。

2) 操作步骤

执行"折弯标注"命令,可以为圆或圆弧创建折弯标注。当选择需要的标注对象后,命令行将提示如下信息:

```
选择圆弧或圆:(即选择要标注尺寸的圆弧或圆)
指定中心位置替代:(指定折弯半径标注的新中心点,以替代圆弧或圆的实际中心点)
指定尺寸线位置或[多行文字(M)/文字(T)/角度(A)]:(确定尺寸线的位置,或进行其他设置)
指定折弯位置:(指定折弯位置)
```

该标注方法与半径标注方法基本相同,但需要指定一个位置代替圆或圆弧的圆心。

3. 折弯线性

折弯线性指将折弯符号添加到尺寸线中。命令为 DIMJOGLINE。单击"标注"工具栏中的"折弯线性"按钮,或单击"菜单浏览器"按钮,选择"标注"→"折弯线性"命令,AutoCAD 提示:"选择要添加折弯的标注或[删除(R)]:",选择要添加折弯的尺寸,"删除(R)"选项用于删除已有的折弯符号。指定折弯位置(或按【Enter】键),通过拖动鼠标的方式确定折弯位置。

4. 折断标注

折断标注指在标注或延伸线与其他线重叠处打断标注或延伸线。命令为 DIMBREAK。单击"标注"工具栏中的"折断标注"按钮,或单击"菜单浏览器"按钮,选择"标注"→"标注打断"命令,AutoCAD 提示:

选择标注或[多个(M)]:(选择尺寸,可通过"多个(M)"选项选择多个尺寸)
选择要打断标注的对象或[自动(A)/恢复(R)/手动(M)]<自动>:(根据提示操作即可)

任务五　形位公差标注

1. 形位公差标注

利用 AutoCAD 2010,用户可以方便地为图形标注形位公差。用于标注形位公差的命令是 TOLERANCE,或单击"菜单浏览器"按钮,选择"标注"→"公差"命令,或在"功能区"选项板中选择"注释"选项卡,在"标注"面板中单击"公差"按钮,执行以上命令,AutoCAD 2010 弹出图 8.20 所示的"形位公差"对话框,可以设置公差的符号、值及基准等参数。

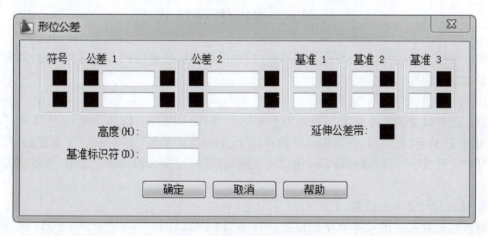

图 8.20　"形位公差"对话框

其中,"符号"选项组用于确定形位公差的符号。单击其中的小黑方框,弹出图 8.21 所示的"特征符号"对话框选择所需要的符号,返回到"形位公差"对话框,并在对应位置显示出该符号。

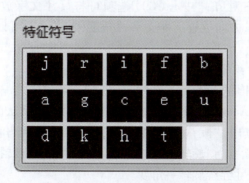

图 8.21　"特征符号"对话框

另外"公差1""公差2"选项组用于确定公差。用户应在对应的文本框中输入公差值。此外,可通过单击位于文本框前边的小方框确定是否在该公差值前加直径符号;单击位于文本框后边的小方框,弹出"包容条件"对话框,在其中确定包容条件。"基准1""基准2""基准3"选项组用于确定基准和对应的包容条件。

通过"行位公差"对话框确定要标注的内容后,单击"确定"按钮,AutoCAD 切换到绘图屏幕,并提示:"输入公差位置:",在该提示下确定标注公差的位置即可。

2. 标注尺寸公差

AutoCAD 2010 提供了标注尺寸公差的多种方法。例如,利用"公差"选项卡,用户可以通过"公差格式"选项组确定公差的标注格式,如确定以何种方式标注公差以及设置尺寸公差的精度、设置上偏差和下偏差等。通过此选项卡进行设置后再标注尺寸,就可以标注出对应的公差。实际上,标注尺寸时,可以方便地通过文字编辑器输入公差。

任务六　编辑标注样式

尺寸标注完毕后,若发现有丢失或不妥之处,可利用标注编辑的方法进行修改,或利用属性命令改变标注样式。

1. 尺寸标注文字

修改已有尺寸的尺寸文字。命令为 DDEDIT。执行 DDEDIT 命令,AutoCAD 提示:"选择注释对象或"放弃(U)":",在该提示下选择尺寸,AutoCAD 弹出"文字格式"工具栏,并将所选择尺寸的尺寸文字设置为编辑状态,用户可直接对其进行修改,如修改尺寸值、修改或添加公差等。

2. 修改尺寸文字的位置

修改已标注尺寸的尺寸文字的位置。命令为 DIMTEDIT。单击"标注"工具栏中的"编辑文字标注"按钮,即执行 DIMTEDIT 命令,名令行将提示:"选择标注:(选择尺寸)指定标注文字的新位置或[左(L)/右(R)/中心(C)/默认(H)/角度(A)]:",提示中,"指定标注文字的新位置"选项用于确定尺寸文字的新位置,通过鼠标将尺寸文字拖动到新位置后单击拾取键,即可;"左(L)"和"右(R)"选项仅对非角度标注起作用,它们分别决定尺寸文字是沿尺寸线左对齐还是右对齐;"中心(C)"选项可将尺寸文字放在尺寸线的中间;"默认(H)"选项将按默认位置、方向放置尺寸文字;"角度(A)"选项可以使尺寸文字旋转指定的角度。

3. 用 DIMEDIT 命令编辑尺寸

DIMEDIT 命令用于编辑已有尺寸。利用"标注"工具栏中的"编辑标注"按钮可启动该命令。执行 DIMEDIT 命令,AutoCAD 提示:"输入标注编辑类型[默认(H)/新建(N)/旋转(R)/倾斜(O)]<默认>:",其中,"默认(H)"选项将按默认位置和方向放置尺寸文字。"新建(N)"选项用于修改尺寸文字。"旋转(R)"选项可将尺寸文字旋转指定的角度。"倾斜(O)"选项可使非角度标注的尺寸界线旋转一角度。

4. 翻转标注箭头

更改尺寸标注上每个箭头的方向。具体操作步骤如下:首先,选择要改变方向的箭头,然后右击,在弹出的快捷菜单中选择"翻转箭头"命令,即可实现尺寸箭头的翻转。

5. 调整标注间距

用户可以调整平行尺寸线之间的距离,命令为 DIMSPACE。单击"标注"工具栏中的"等距标注"按钮,或单击"菜单浏览器"按钮,选择"标注"→"标注间距"命令,AutoCAD 提示:"选择基准标注:",选择作为基准的尺寸;然后提示:"选择要产生间距的标注:",依次选择要调整间距的尺寸;接着提示:"选择要产生间距的标注,输入值或[自动(A)]<自动>:",输入距离值后按【Enter】键,AutoCAD 调整各尺寸线的位置,使它们之间的距离值为指定的值,然后直接按【Enter】键,AutoCAD 会自动调整尺寸线的位置。

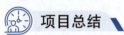 项目总结

通过本项目的学习,读者可掌握线性、半径、直径和角度等尺寸标注的方法,以及一些编辑尺寸线及文字的技巧。AutoCAD 2010 提供了强大的尺寸标注功能,特别是尺寸关联功能,这样更加方便了用户的使用,同时也提高了绘图的效率。

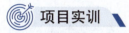 项目实训

实训任务一 标注图 8.22 所示的垫片尺寸。

本例有线性、直径、角度 3 种尺寸需要标注,由于具体尺寸的要求不同,需要重新设置和转换尺寸标注样式。通过本例,要求读者熟练"新建标注样式"对话框中"线""符号和箭头""文字""调整""主单位""换算单位""公差"等选项卡的设置,了解各标注样式的区别,并掌握各种标注尺寸的基本方法。

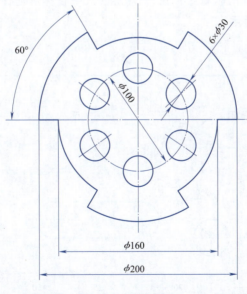

图 8.22 垫片标注

操作提示:

(1)单击"菜单浏览器"按钮,选择"格式"→"文字样式"命令,设置文字样式和标注样式,为后面的尺寸标注输入文字做准备。

(2)单击"菜单浏览器"按钮,选择"标注"→"线性"命令,标注垫片图形中的线性尺寸。

(3)单击"菜单浏览器"按钮,选择"标注"→"直径"命令,标注垫片图形中的直径尺寸(需要重新设置标注样式)。

(4)单击"菜单浏览器"按钮,选择"标注"→"角度"命令,标注垫片图形中的角度尺寸(需要重新设置标注样式)。

实训任务二　绘制平面图形及尺寸标注。

设置标注样式是标注尺寸的首要工作。一般可以根据图形的复杂程度和尺寸类型的多少,决定设置几种尺寸标注样式。本实训要求针对图 8.23 所示的平面图设置 3 种尺寸标注样式,分别用于普通线性标注、连续标注以及角度标注,并熟练掌握线性标注、连续标注以及角度标注的命令。

(1)标注样式的创建。

①单击"菜单浏览器"按钮,选择"格式"→"标注样式"命令,打开"标注样式管理器"对话框。

②单击"新建"按钮,打开"创建新标注样式"对话框,在"新样式名"文本框中输入新样式名。

③单击"继续"按钮,打开"新建标注样式"对话框。

④在对话框的各个选项卡中进行"直线和箭头""文字""调整""主单位""换算单位和公差"的设置。

⑤确认退出。采用相同的方法设置另外两个标注样式。

(2)用线性标注、连续标注、基线标注、角度标注及半径标注进行标注。

标注示例如图 8.23 所示。

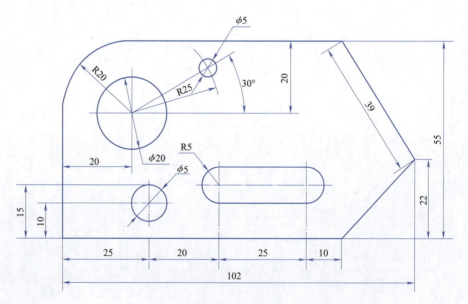

图 8.23　平面图形

> 项目拓展

拓展任务一 打开素材文件"dwg\ch08\xt-1.dwg",标注该图样,结果如图 8.24 所示。标注文字采用的字体为 gbenor.shx,字高为 2.5,标注全局比例因子为 50。

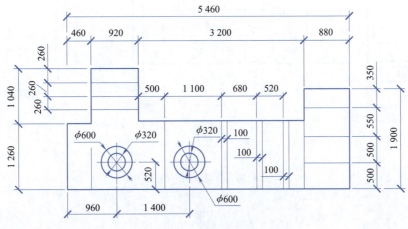

图 8.24 标注图形

拓展任务二 打开素材文件"dwg\ch08\xt-2.dwg",标注该图样,结果如图 8.25 所示。标注文字采用的字体为 gbenor.shx,字高为 2.5,标注全局比例因子为 150。

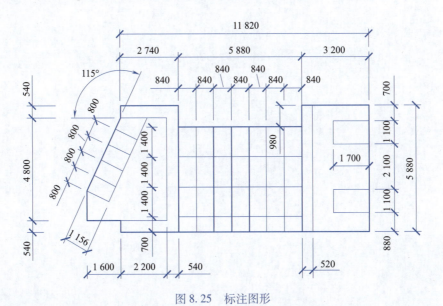

图 8.25 标注图形

拓展任务三 标注圆锥齿轮轴,结果如图 8.26 所示。

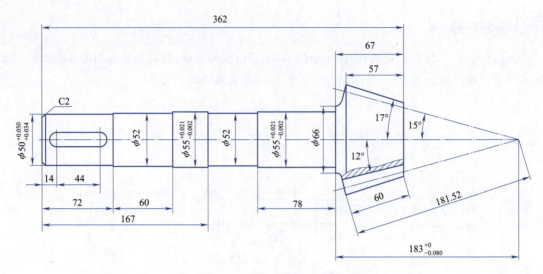

图 8.26 标注圆锥齿轮轴

项目九　图块、外部参照及设计工具

通过学习本项目,你将了解到:
(1)图块的创建及插入。
(2)外部参照的使用。
(3)AutoCAD 设计中心的使用。
(4)工具选项板的使用。

项目说明

在绘图设计中,很多图形元素需要大量重复地使用,例如机械行业中的螺钉、螺母,建筑行业中的家具、门、窗等。为了提高工作效率,AutoCAD 提供了块和外部参照的功能。本项目将向读者介绍块的创建、插入和编辑,块属性的创建、编辑以及外部参照的建立与绑定。

项目准备

图块就是用一个名字来标识的多个对象的集合体。虽然一个图块可以由多个对象构成,但却作为一个整体来使用。用户可以将块看作一个对象进行操作,如 move、copy、erase、rotate、array 和 mirror 等命令。它还可以嵌套,即在一个图块中包含其他一些图块。此外,如果对某一图块进行重新定义,则会引起图样中所有引用的图块都自动地更新。所以图块可以方便编辑。

当用户创建一个块后,AutoCAD 将该块存储在图形数据库中,此后用户可根据需要多次插入同一个块,而不必重复绘制和存储,可以节省大量的绘图时间,减少重复性劳动并实现"积木式"绘图。

此外,插入块并不需要对块进行复制,而只是根据一定的位置、比例和旋转角度来引用,因此数据量要比直接绘图小得多,可以节省计算机的存储空间。

另外,在 AutoCAD 中还可以将块存储为一个独立的图形文件,又称外部块。这样其他人就可以将该文件作为块插入自己的图形中,不必重新进行创建。可以通过这种方法建立图形符号库,供所有相关的设计人员使用。这既节约了时间和资源,又可保证符号的统一性、标准性。

当然,如果有必要,也可以使用 explode 命令将块分解为相对独立的多个对象。

任务一　应用图块

图块又分为内部块和外部块,下面分别介绍两种块的创建方法。首先介绍内部块的创建方法、调用命令的方法和创建过程。

1. 创建内部块

命令启动方法:

菜单栏:选择"绘图"→"块"→"创建"命令。

工具栏:单击"绘图"工具栏中的 按钮。

命令行:在命令行中输入 BLOCK。

【案例9-1】创建为块。

(1)打开素材文件"dwg\ch09\9-1.dwg"。

(2)调用 BLOCK 命令,打开"块定义"对话框,如图9.1所示,在"名称"文本框中输入新建图块的名称"钟表"。

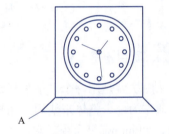

图9.1 "块定义"对话框　　　　图9.2 创建为块

(3)选择构成图块的图形元素,单击 按钮(选择对象),返回到绘图窗口,并提示"选择对象:",选择"钟表",如图9.2所示。

选择对象:	//选择所有组成钟表的对象

(4)指定块的插入点,单击 按钮(拾取基点),返回到绘图窗口,并提示:"指定插入基点:"拾取点 A,如图9.2所示。

命令:BLOCK	
指定插入基点:	//选取点 A 作为基点

(5)单击"确定"按钮,完成块的创建。

"块定义"对话框中各选项的含义如下:

名称:用于指定新建块的名称,块名最长可达255个字符。

基点:用于指定块的插入基点,它是插入块时附着光标移动的参考点,系统默认的值是(0,0,0),在实际操作时,通常单击"拾取点"按钮 。开启对象捕捉功能,拾取要定义为块的图形上的特殊点作为基点,用户也可以在 X、Y、Z 三个文本框中输入基点坐标。

对象:用于指定新建块中包含的所有对象,以及创建块后是否保留、删除对象或转换为块使用,系统默认是转换为块。即创建块以后,将选择的图形对象立即转换为块。

说明:用于指定与块相关的文字说明。

超链接:用于创建一个与块相关联的超链接,可以通过该块浏览其他文件或访问站点。

2. 创建外部块

内部块只能在图块所在的当前图形文件中使用,不能被其他图形引用。而实际的工程设计中往往需要将定义好的图块共享,使所有用户都能方便地引用。这就使得图块成为公共图块,即可供其他图形文件插入和引用。AutoCAD 提供了 Wblock 命令,即 Write Block(图块存盘),可以将图块单独以图形文件形式存盘,即外部块。

命令启动方法:

命令行:在命令行中输入 WBLOCK 或 W。

功能:将图块以图形文件的形式保存。

启动命令后,弹出"写块"对话框,如图 9.3 所示。

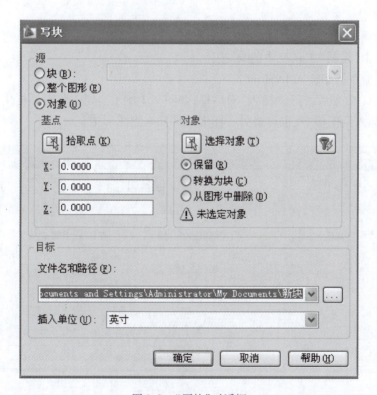

图 9.3 "写块"对话框

"写块"对话框中各选项的含义如下:

源:在"源"选项组中有三个单选按钮,选中"块"单选按钮,则将内部块创建成外部块,可以从对应的块下拉列表中选中当前图形的图块,如选择前面创建的"钟表"图块。如果选中"整个图形"单选按钮,则将当前的全部对象都以图块的形式保存到文件。如果选中"对象"单选按钮,下方的"基点"和"对象"选项组变为可用,这时操作与创建内部块类似,需要用户选择组成块的对象。

目标:在"目标"选项组中设置保存图块的文件名称、路径和插入单位等。图块的文件名称可在 文件名和路径(F) 文本框中输入,也可以在下拉列表框中选择。

单击 确定 按钮,这样可成功将图块保存在文件中。

所有图形文件都可以看作外部块插入到其他图形文件中。不同之处在于 Wblock 命令创建的外部块插入基点是由用户设定的,而其他图形文件插入时的基点是坐标原点。

注意:用 Wblock 命令保存的图块是一个扩展名为".dwg"的图形文件,当把图形文件中的整个图形当成一个图块保存后,AutoCAD 自动删除文件中未被使用的层定义和线型定义等。

3. 插入图块

用户可以使用 INSERT 命令在当前图形中重复地插入块或其他图形文件,无论块或被插入的图形多么复杂,AutoCAD 将它们作为一个单独的对象,如果用户需编辑其中的单个图形元素,就必须用 EXPLODE 命令分解图块或文件块。

命令启动方法:

菜单栏:选择"插入"→"块"命令。

工具栏:单击"绘图"工具栏中的 按钮。

命令行:在命令行中输入 INSERT。

启动 INSERT 命令后,打开"插入"对话框,如图 9.4 所示。通过该对话框用户可以将图形文件中的图块插入到图形中,也可将另一图形文件插入到图形中。

图 9.4 "插入"对话框

提示:当把一个图形文件插入到当前图中时,被插入图样的图层、线型、图块和字体样式等也将加入当前图中。如果二者中有重名的对象,那么当前图中的定义优先于被插入的图样。

"插入"对话框中常用选项的含义如下:

名称:该文本框用于指定要插入块或图形的名字,这里输入图块名称"钟表"。单击下拉按钮,该下拉列表中罗列了图样中的所有图块,通过该下拉列表,用户可选择要插入的块。如果要将".dwg"文件插入当前图形中,单击 浏览(B)... 按钮,选择要插入的文件。

插入点:确定图块的插入点。可直接在 X、Y、Z 文本框中输入插入点的绝对坐标值,或是选中 ☑在屏幕上指定(S) 复选框,然后在绘图区用光标指定插入点。

比例:确定要插入图块的缩放比例。用户可直接在 X、Y、Z 文本框中输入沿这三个方向的缩放比例因子,比例值大于 1,表示放大图块;比例值等于 1,表示不进行缩放;比例值小于 1,表示缩小图块。用户也可选中 ☑在屏幕上指定(E) 复选框,然后在屏幕上指定缩放比例。

提示:可以指定 X、Y 方向的负比例因子,此时插入的图块是原图块的镜像图形。

"统一比例"复选框:如果选中了该复选框,则插入的块在 X、Y、Z 三个方向的比例是一致的,这时 Y、Z 文本框低亮度显示,表示不能输入值,用户只需在 X 文本框中输入值。

旋转:指定插入块时的旋转角度。可在"角度"文本框中输入旋转角度值,或是选中 ☑在屏幕上指定(C) 复选框,在绘图区域指定旋转角度。

"分解"复选框:若用户选择该选项,则 AutoCAD 在插入块的同时将块分解成各个独立的对象。

如果块的插入点、比例、旋转角度等属性均为"在屏幕指定",那么单击 确定 按钮,在命令行窗口出现提示:

命令:INSERT
指定插入点或[基点(B)/比例(S)/X/Y/Z/旋转(R)]:

各选项的含义与对话框中选项的含义相似,指定插入点完成块的插入。

4. 图块的属性

在 AutoCAD 中,可以为图块加上文本信息,以增强图块的可读性和通用性,这些文本信息称为属性。块属性是附属于块的非图形信息,也是块的组成部分。通常块属性用于在图块插入过程中自动注释。当用 BLOCK 命令创建块时,将已定义的属性与图形一起生成块,这样块中就包含属性了,对于经常使用的图块利用属性很重要。例如,机械制图中,粗糙度的值有 1.6 μm、3.2 μm、6.3 μm 等,用户可以在粗糙度符号中将粗糙度定义为属性,这样每次插入粗糙度时,AutoCAD 2010 会自动提示用户输入粗糙度的数值。当然,用户也可以仅将属性本身创建成一个块。

1)建立属性图块

建立属性块要用到"属性定义"命令,将定义好的属性连同相关图形一起,用"创建图块"命令定义成属性块。此后,用户就可以在当前图形中调用它,其调用方式与一般的图块完全相同。

激活属性定义的方法有如下两种。

菜单栏:选择"绘图"→"块"→"定义属性"命令。

命令行:在命令行中输入 ATTDEF 或 ATT。

功能:创建属性定义。

启动命令后,打开"属性定义"对话框,如图 9.5 所示,用户可以利用此对话框创建块属性。

"属性定义"对话框中常用选项的功能如下:

图 9.5 "属性定义"对话框

模式:用于设置属性的模式,有六个复选框。

□不可见(I):控制属性值在图形中的可见性。可使图中包含属性信息,但又不在图形中显示出来。有一些文字信息,如零部件的成本、产地、存放仓库等,通常不必在图样中显示出来,就可设定为不可见属性。

□固定(C):选中该复选框后,属性值将为常量。

□验证(V):用于在插入图块时对属性值进行校验。若选中该复选框,则插入块并输入属性值后,AutoCAD 将再次给出提示,让用户校验输入值是否正确。

□预设(P):该选项用于设定是否将实际属性值设置成默认值。若选中复选框,则插入块时,AutoCAD 将不再提示用户输入新属性值,实际属性值等于"值"框中的默认值。

□锁定位置(K):锁定块参照中属性的位置。

□多行(U):选中该复选框,指定属性值可以包含多行文字,可以指定属性的边界值。

插入点:指定属性值起点的位置,系统默认 x、y、z 坐标值是 0、0、0,用户可以在 X、Y、Z 文本框中分别输入属性插入点的 x、y、z 坐标值,也可以选中□在屏幕上指定(O)复选框,在屏幕上选择适当的放置点。

属性:用于设置属性的标记、插入块时 AutoCAD 的提示以及属性的默认值。该区域有三个文本框。

标记(T):用于识别图形中每次出现的属性。使用任何字符组合(空格除外)输入属性标记。

提示(M):用于指定在插入包含该属性定义的图块时显示的提示。如果不输入提示,属性标记将用作提示。如果在"模式"选项组中选定了"固定"模式,此文本框不可用。

默认(L):用于指定默认的属性值。

文字设置:用于设置属性文字的格式。其中各选项的含义如下:

对正(J):该下拉列表中包含了十多种属性文字的对齐方式,如调整、中心、中间、左、右等。

这些选项功能与 DTEXT 命令对应的选项功能相同。

文字样式(S):从该下拉列表中选择文字样式。

文字高度(E):用户可直接在文本框中输入属性文字的高度,或单击 按钮切换到绘图窗口,在绘图区中拾取两点以指定高度。

旋转(R):设定属性文字的旋转角度,或单击 按钮切换到绘图窗口,在绘图区中拾取两点以指定角度。

【案例 9-2】创建块、属性及插入带属性的图块。

(1)打开素材文件"dwg\ch09\9-2.dwg",如图 9.6 所示。

(2)启动 ATT 命令,定义属性"粗糙度",该属性包含的内容如图 9.7 所示。

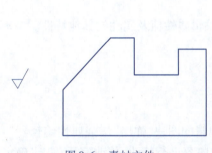 

图 9.6　素材文件　　　　　　　图 9.7　属性定义对话框的设置

(3)设定属性的高度为"3.5",字体为"楷体",对齐方式为"布满",分布宽度在 A,B 两点间,如图 9.8 所示。

(4)以"粗糙度"为名,将粗糙度符号及属性一起创建成图块。

```
命令:BLOCK
指定插入基点:                                    //捕捉C点,如图9.8所示
选择对象:指定对角点:找到 5 个
```

(5)插入粗糙度块并输入属性值,结果如图 9.9 所示。

```
命令:INSERT
指定插入点或[基点(B)/比例(S)/X/Y/Z/旋转(R)]:    //捕捉中点
输入属性值
请输入粗糙度 <12.5>:6.3
命令:
命令:INSERT
指定插入点或[基点(B)/比例(S)/X/Y/Z/旋转(R)]:r
```

```
指定旋转角度 <0>:90
指定插入点或[基点(B)/比例(S)/X/Y/Z/旋转(R)]:          //捕捉中点
输入属性值
请输入粗糙度 <12.5>:3.2
```

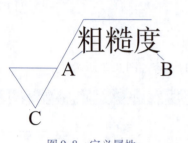

图9.8　定义属性

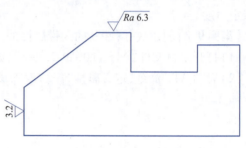

图9.9　定义属性结果

2）编辑块的属性

若属性已被创建成块,则用户可用 EATTEDIT 命令编辑属性值及属性的其他特性。

命令启动方法:

菜单栏:选择"修改"→"对象"→"属性"→"单个"命令。

工具栏:单击修改工具栏Ⅱ中的 按钮。

命令行:在命令行中输入 EATTEDIT。

执行完命令后,在命令行提示:"选择块:",选择要编辑的图块,弹出"增强属性编辑器"对话框,如图9.10所示。在该编辑器中用户可对需修改的内容进行修改,修改完后单击"确定"按钮,可完成属性块的编辑。

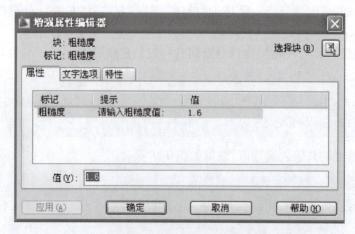

图9.10　"增强属性编辑器"对话框的"属性"选项卡

"增强属性编辑器"对话框中有"属性""文字选项""特性"三个选项卡。

（1）"属性"选项卡:在该选项卡中,AutoCAD 列出当前块对象中各个属性的标记、提示及值,如图9.10所示。选中某一属性,用户就可以在"值"文本框中修改属性的值。

(2)"文字选项"选项卡：该选项卡用于修改属性文字的一些特性，如文字样式、字高等，如图 9.11 所示。选项卡中各选项的含义与"文字样式"对话框中同名选项的含义相同。

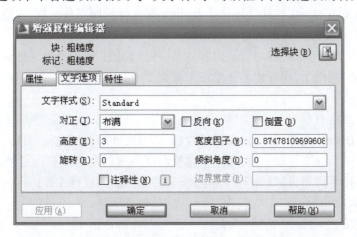

图 9.11　"增强属性编辑器"对话框的"文字选项"选项卡

(3)"特性"选项卡：在该选项卡中可以修改属性文字的图层、线型和颜色等，如图 9.12 所示。

图 9.12　"增强属性编辑器"对话框的"特性"选项卡

任务二　插入外部参照图形

当用户将其他图形以块的形式插入当前图样时，被插入的图形就成为当前图样的一部分，但用户并不想如此，而仅仅是要把另一个图形作为当前图形的一个样例，或者想观察一下正在设计的模型与相关的其他模型是否匹配，此时就可通过外部参照将其他图形文件放置到当前图形中。

外部参照使用户能方便地在自己的图形中以引用的方式看到其他图样，被引用的图并不成为当前图样的一部分，当前图形中仅记录了外部引用文件的位置和名称。尽管如此，用户仍然可以控制被引用图形层的可见性，并能进行对象捕捉。

外部参照命令的用途和块的用途类似,可以把图形文件编辑在当前视图中,插入的图是单一的对象,但是无法用分解命令将其分解成独立的对象,而且和块最大的不同之处在于插入的外部参照图会和来源图形文件建立链接关系,当来源文件的图形修改后,如果加载具有此外部参照的文件,会自动更新插入的外部参照图形。

另外,插入块是把整个块的定义及内容复制一份到视图上,但是插入外部参照的图只是把图形的定义链接到视图上,实际内容还是在来源文件中,所以采用外部参照不会增加图文件所占用的内存。

利用外部参照将有利于几个人共同完成一个设计项目,因为外部参照使设计者之间可以方便地查看对方的设计图样,从而协调设计内容。另外,外部参照也使设计人员可以同时使用相同的图形文件进行分工设计。例如,一个建筑设计小组的所有成员通过外部引用就能同时参照建筑物的结构平面图,然后分别开展电路、管道等方面的设计工作。

1. 插入 DWG 外部参照

命令调用方法:

菜单栏:选择"插入"→"DWG 参照"命令。

工具栏:单击"参照"工具栏中的 按钮。

命令行:在命令行中输入 XATTACH。

启动 XATTACH 命令,打开"选择参照文件"对话框,如图 9.13 所示。用户在此对话框中选择所需文件后,单击"打开"按钮,弹出"外部参照"对话框,如图 9.14 所示。

图 9.13 "选择参照文件"对话框

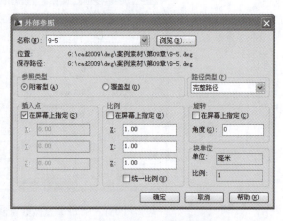
图 9.14 "外部参照"对话框

"外部参照"对话框中各选项的功能如下:

"名称":该列表显示了当前图形中包含的外部参照文件的名称。用户可在列表中直接选取文件,或是单击 按钮查找其他参照文件。

"附着型":选中该单选按钮将显示嵌套参照中的嵌套内容。不可以循环引用。

"覆盖型":选中该单选按钮将不显示嵌套参照中的嵌套内容。但可以循环引用,这使设计人员可以灵活地查看其他任何图形文件,而无须为图形之间的嵌套关系担忧。

"插入点":在此区域中指定外部参照文件的插入基点,可直接在 X、Y、Z 文本框中输入插入点坐标,或是选中"在屏幕上指定"复选项,然后在屏幕上指定。

"比例":在此区域中指定外部参照文件的缩放比例,可直接在 X、Y、Z 文本框中输入沿这 3 个方向的比例因子,或是选中"在屏幕上指定"复选项,然后在屏幕上指定。

"旋转":确定外部参照文件的旋转角度,可直接在"角度"文本框中输入角度值,或是选中"在屏幕上指定"选项,然后在屏幕上指定。

2. 插入光栅图像

在 AutoCAD 的文件中不但能够插入 DWG 图形文件,还能插入其他格式的图形文件,如 JPG 等,调用插入光栅图像命令的方法有如下两种。

菜单栏:选择"插入"→"光栅图像参照"命令。

工具栏:单击"参照"工具栏中的 按钮。

【案例 9-3】在新建的 AutoCAD 文件中插入素材"菊花.jpg"文件。

操作过程如下:

(1)新建 AutoCAD 文件,调用命令后弹出"选择图像文件"对话框,如图 9.15 所示。

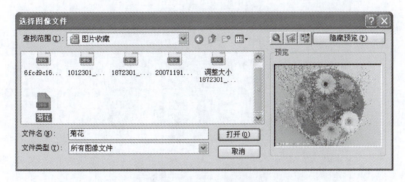

图 9.15 "选择图像文件"对话框

(2)选择"菊花.jpg"文件,单击"打开"按钮,打开"图像"对话框,对话框中的各项设置如图 9.16 所示。如果要想改变插入的图像,单击"浏览"按钮,重新寻找要插入的图像。

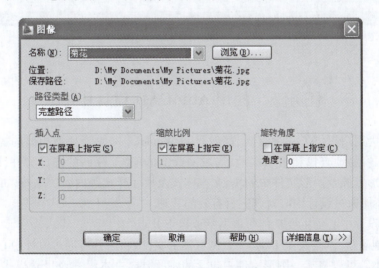

图 9.16 "图像"对话框

(3)设置好后,单击"确定"按钮,返回到绘图界面,光标成为十字形状,命令行提示:

指定插入点 <0,0>:　　　　　　　　　　　　//单击,指定要插入的一个角点位置
基本图像大小:宽:361.244446,高:270.933319,Millimeters
指定缩放比例因子或[单位(U)] <1>:　　//按【Enter】键

插入图9.17所示的图片。

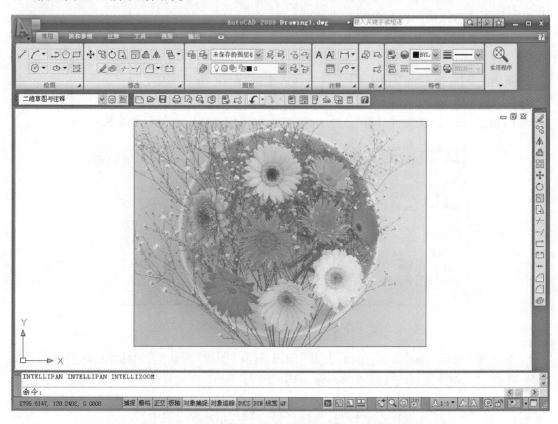

图9.17　插入光栅图像

任务三　使用 AutoCAD 设计中心

设计中心为用户提供了一种直观、高效且与 Windows 资源管理器相似的操作界面,通过它,用户可以很容易地查找和组织本地、局域网或 Internet 上存储的图形文件,同时还能方便地利用其他图形资源及图形文件中的块、文本样式及尺寸样式等内容。此外,如果用户同时打开多个文件,还能通过设计中心对其进行有效的管理。

AutoCAD 设计中心的主要功能可以概括成以下几点:

(1)从本地磁盘、网络甚至 Internet 上浏览图形文件内容,并可通过设计中心打开文件。

(2)设计中心可以将某一图形文件中包含的块、图层、文本样式及尺寸样式等信息展示出来,并提供预览的功能。

(3)利用拖放操作可以将一个图形文件或块、图层及文字样式等插入另一图形中使用。

(4)可以快速查找存储在其他位置的图样、图块、文字样式、标注样式及图层等信息。搜索完成后,可将结果加载到设计中心或直接拖入当前图形中使用。

命令调用方式:

(1)菜单栏:选择"工具"→"选项板"→"设计中心"命令。

(2)工具栏:单击"标准"工具栏中的 ▦ 按钮。

(3)命令行:在命令行中输入 ADCENTER(简写为 ADC)。

调用该命令后,将在绘图区显示"设计中心"窗口,如图9.18所示。

AutoCAD 设计中心主要由标题栏、工具栏、选项卡、状态栏、树状图和内容显示区域组成,其中设计中心窗口的左边为树状图,右边为内容显示区域。树状图是用来显示设计中心资源的树状层次图,而内容显示区域则用来显示树状图中当前选定资源的内容。

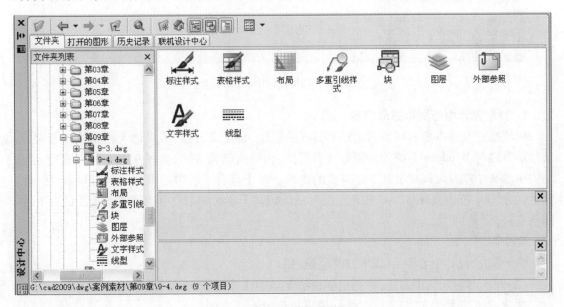

图9.18 "设计中心"窗口

在"设计中心"窗口的蓝色标题栏上单击 ◀▶(自动隐藏)按钮,可以自动隐藏设计中心的主窗口,只保留设计中心的蓝色标题栏。若单击 ◀▮(自动显示)按钮,则可再次显示设计中心主窗口。下面介绍"设计中心"窗口上的四个选项卡。

(1)文件夹:在该选项卡上显示了计算机或网络驱动器中的所有文件和文件的层次结构。

(2)打开的图形:在该选项卡中显示了 AutoCAD 当前打开的所有图形文件,当选择某个图形时,则显示出该图形的有关设置,如标注样式、表格样式、布局、图层、块、外部参照、文字样式等,如果选择了其中的某个设置,可在右边的内容显示区域中显示出该设置中的具体内容。

(3)历史记录:在该选项卡中显示了最近操作时访问过的文件,包括具体的文件路径。

(4)联机设计中心:如果用户的计算机建立了网络连接,则可通过该选项卡访问联机设计中心网页。通过联机设计中心可以访问数以千计的符号、制造商的产品信息以及内容收集者的站点,该选项卡如图 9.19 所示。

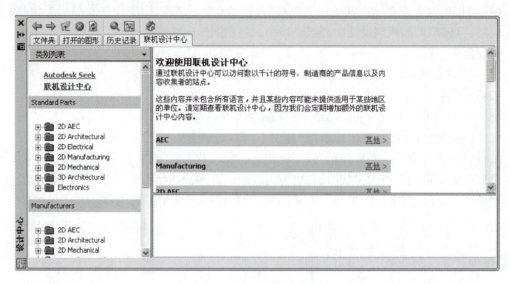

图 9.19 "联机设计中心"选项卡

1. 利用设计中心浏览图形内容

树状视图显示本地和网络驱动器上打开的图形、自定义内容、历史记录和文件夹等内容。其显示方式与 Windows 系统的资源管理器类似,为层次结构方式,如图 9.18 所示。单击层次结构中的某个项目可以显示其下一层次的内容。对于具有子层次的项目,则可单击该项目左侧的加号"+"按钮或减号"-"按钮来显示或隐藏其子层次。用户可控制树状视图的打开/关闭状态。

命令调用方式:

(1)单击"设计中心"→工具栏中的 按钮。

(2)在内容显示区中右击,在弹出的快捷菜单中选择"树状图项"命令。

注意:在"历史记录"模式下不能切换树状视图的显示状态。

2. 利用设计中心进行查找文件

利用 AutoCAD 设计中心的搜索功能,可以根据指定条件和范围搜索图形和其他内容(如块和图层的定义等)。

命令调用方式:

(1)工具栏:单击"设计中心"工具栏中的 按钮。

(2)在内容显示区中右击,在弹出的快捷菜单中选择"搜索"命令,弹出"搜索"对话框,如图 9.20 所示。

在"搜索"对话框中的"搜索"下拉列表中给出了可查找的对象类型,包括图形、图形和块、块、填充图案、填充图案文件、外部参照、多重引线、布局、文字样式、标注样式、线型及表格样式等。

在"于"下拉列表框中显示了当前的搜索路径。用户可单击 按钮重新指定搜索路径。如果选择 复选框,则可将搜索范围扩大到当前搜索路径中的所有子文件夹。

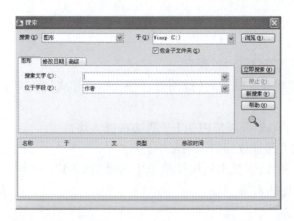

图 9.20 "搜索"对话框

如果用户在"搜索"下拉列表中选择了除"图形""图案填充文件"之外的对象,则对话框中只显示一个选项卡。用户可在该选项卡的"搜索文字"列表框中指定要查找对象的名称。

完成对搜索条件的设置后,用户可单击"立即搜索"按钮进行搜索,并可在搜索过程中随时单击"停止搜索"按钮来中断搜索操作。如果用户重新输入搜索条件,单击新搜索,计算机将清除原来的搜索条件,要求用户重新设置。

如果查找到了符合条件的项目,则将显示在对话框下部的搜索结果列表中。用户可通过如下方式将其加载到控制板中:

(1)直接双击指定的项目。
(2)将指定的项目拖到设计中心的内容显示区中。
(3)在指定的项目上右击,在弹出的快捷菜单中选择"加载到内容区中"命令。

【案例 9-4】搜索名为"9-1.dwg"螺母的图形文件。

操作步骤如下:
(1)打开"设计中心"窗口。
(2)打开"搜索"对话框,设置参数如图 9.21 所示。
(3)单击"立即搜索"按钮,计算机开始搜索,搜索结果如图 9.22 所示。

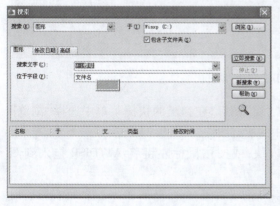
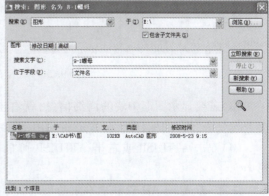

图 9.21 设置搜索对话框　　　　　　　　图 9.22 搜索到图形文件

说明：定义查找时可以输入查找单词的全部或部分文字，也可以使用"＊"和"?"等标准通配符。

3. 利用设计中心向图形插入块、图层

利用设计中心可以将需要的对象（如图形、图层、标注样式、块、文字样式等）添加到当前图形文件中。

在 AutoCAD 设计中心中可以使用如下三种方法插入块：

（1）将要插入的块直接拖放到当前图形中。

（2）右击在要插入的块，在弹出的快捷菜单中选择"插入块"命令。这种方法可按指定坐标、缩放比例和旋转角度插入块。

（3）双击要插入的块。

【案例 9-5】将文件"9-2.dwg"中的 ATTDISP 插入到当前图形中。

操作步骤如下：

（1）调用打开设计中心命令，打开"设计中心"窗口。

（2）选中"9-2.dwg"文件，则在设计中心右边窗口中列出图层、图块、文字样式等项目，如图 9.23 所示。

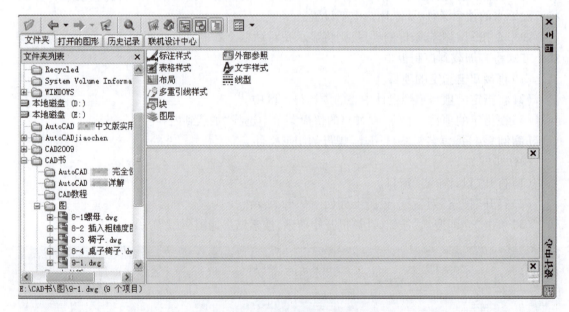

图 9.23　显示图层、图块等项目

（3）若要显示图形中块的详细信息，就右击"块"图标，在弹出的快捷菜单中选择"浏览"命令或双击"块"图标，则设计中心将列出图形中的所有图块，如图 9.24 所示。

（4）双击 ATTDISP 或右击 ATTDISP 可插入块，或按住鼠标左键将 ATTDISP 拖入到图形中。

注意：将 AutoCAD 设计中心中的块或图形拖放到当前图形时，如果自动进行比例缩放，则块中的标注值可能会失真。

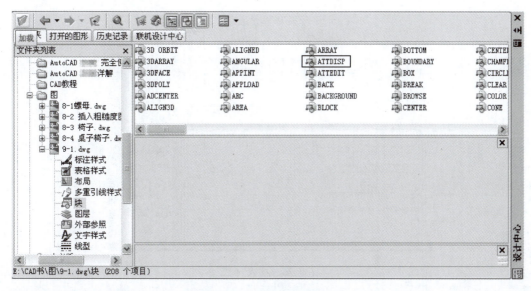

图 9.24 列出图块信息

任务四 工具选项板

"工具选项板"窗口中包含了一系列工具选项板,这些选项板以选项卡的形式布置在工具选项板窗口中,如图 9.25 所示。选项板中包含图块、填充图案等对象,这些对象常被称为工具。用户可以从工具板选项中直接将某个工具拖入到当前图形中(或单击工具以启动它),也可以将新建图块、填充图案等放入工具选项板中,还能把整个工具选项板输出,或者创建新的工具选项板。总之,工具选项板提供了组织、共享图块及填充图案的有效途径。

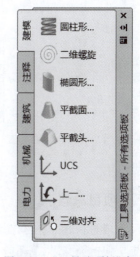

命令调用方式:

(1)菜单栏:选择"工具"→"选项板"→"工具选项板"命令。

(2)工具栏:单击"标准"工具栏中的 按钮。

(3)命令行:在命令行中输入 TOOLPALETTES。

调用命令后,打开图 9.25 所示的工具选项板窗口。

【案例 9-6】从工具选项板中插入块。

图 9.25 "工具选项板"窗口

操作步骤如下:

(1)打开素材文件"dwg\ch09\9-3.dwg"。

(2)选择"工具"→"选项板"→"工具选项板"命令,打开"工具选项板"窗口,选择"建筑"选项卡,显示"建筑"工具板,如图 9.26 右侧所示。

(3)单击工具板中的"门-公制"工具,再指定插入点将门插入图形中,结果如图 9.26 所示。

(4)用 ROTATE 命令调整门的方向,再用关键点编辑方式改变门的大小及开启角度,结果如图 9.27 所示。

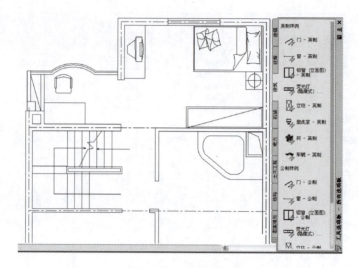

图 9.26 插入"门"

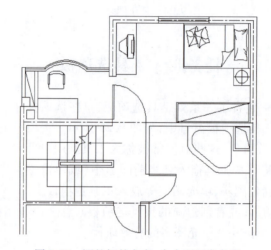

图 9.27 调整门的方向、大小和开启角度

项目总结

本项目向读者介绍了块的创建、插入和编辑,块属性的创建、编辑以及外部参照的建立与绑定。同时介绍了,利用设计中心可以很方便地对图形文件进行管理,同时还能方便地利用其他图形资源及图形文件中的块、文本样式、尺寸样式等内容。

项目实训

实训任务一 创建及插入图块。
(1)打开素材文件"dwg\ch09\xt-1.dwg"。
(2)将图中"沙发"创建成图块,设定 A 点为插入点,如图 9.28 所示。
(3)在图中插入"沙发"块,如图 9.29 所示。

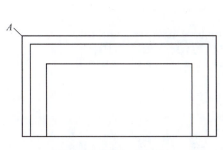

图 9.28 创建"沙发"块

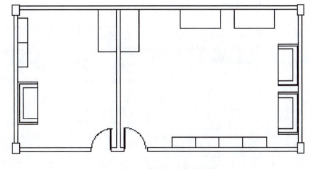

图 9.29 插入"沙发"块

(4)将图中"转椅"创建成图块,设定中点 B 为插入点,如图 9.30 所示。
(5)在图中插入"转椅"块,如图 9.31 所示。

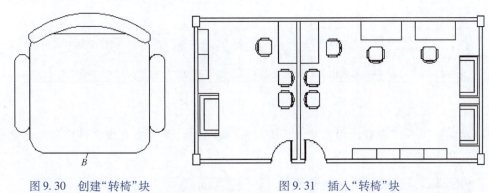

图 9.30 创建"转椅"块　　　　　图 9.31 插入"转椅"块

(6)将图中"计算机"创建成图块,设定 C 点为插入点,如图 9.32 所示。
(7)在图中插入"计算机"块,如图 9.33 所示。

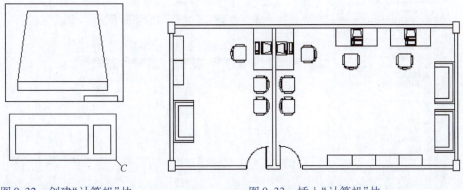

图 9.32 创建"计算机"块　　　　　图 9.33 插入"计算机"块

实训任务二　通过设计中心创建一个紧固件的工具选项卡。
(1)调用打开设计中心命令,打开"设计中心"窗口。
(2)在"设计中心"窗口中找到安装目录中的"\AutoCAD 2010\Sample\DesigenCenter"路径下的"Fasteners-Metric.dwg"(紧固件-公制)文件,双击该文件,在内容显示区域显示相关内容,如图 9.34 所示。

图 9.34　在"设计中心"窗口中打开紧固件文件

(3)在"设计中心"窗口的内容显示区域双击"块"图标,便可查看该文件中所包含的所有"块",如图 9.35 所示。

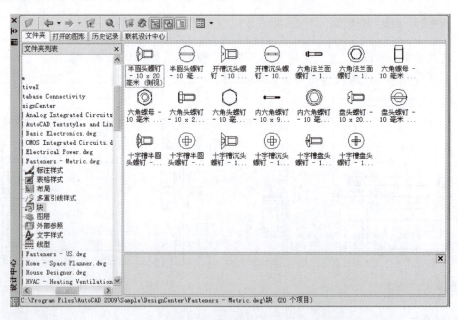

图 9.35　双击"块"

(4)在内容显示区域选择工具板中所需要的块图形文件。
(5)右击所选对象,在弹出的快捷菜单中选择"创建工具选项板"命令,如图 9.36 所示。

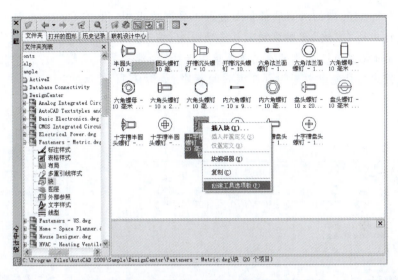

图 9.36 通过"设计中心"向工具选项板添加内容

(6) 所选取的块便出现在"工具选项板"的"新建"选项卡中,如图 9.37 所示。

(7) 在"新建"选项卡的文本框中输入"紧固件",如图 9.38 所示。

(8) 再将设计中心内容显示区中其他需要放置到工具选项板的"块"直接拖放到工具选项板中,也可以右击该块,在弹出的快捷菜单中选择"复制"命令,再到工具选项板中右击,在弹出的快捷菜单中选择"粘贴"命令,将所选的块放到工具选项板中,如图 9.39 所示。

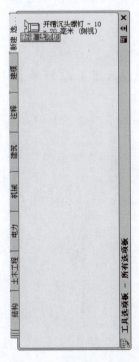

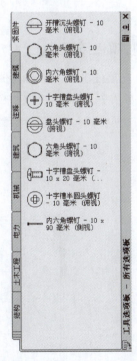

图 9.37 新建紧固件的工具选项板　　图 9.38 输入"紧固件"　　图 9.39 将块放到"紧固件"选项卡中

(9)如果一个文件中的所有块都需要放到工具选项板中,例如"Fasteners-Metric.dwg(紧固件-公制)"文件中所有"块"都要放到工具选项板中,在"设计中心"树状图的文件夹列表中右击"Fasteners-Metric.dwg",在弹出的快捷菜单中选择"创建工具选项板"命令,如图9.40所示。此时,这个文件中的所有块都放到了工具选项板中,如图9.41所示。

图9.40　创建工具选项板

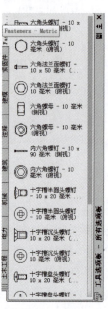
图9.41　创建好的工具选项板

项目拓展

拓展任务一　根据提供的素材,将素材中相应图形创建成图块,插入图9.42所示素材文件"房屋平面图.dwg"中相应位置,完成效果如图9.43所示。

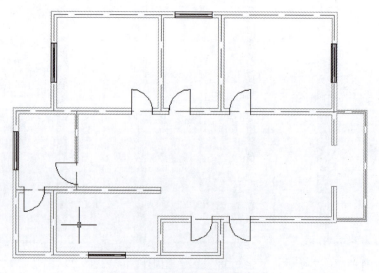
图9.42　房屋平面图

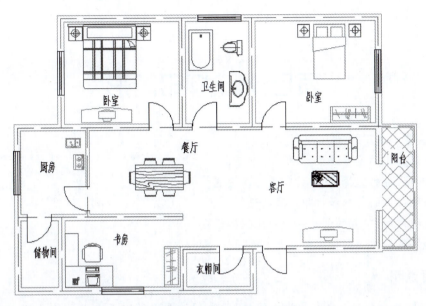

图 9.43　完成效果

拓展任务二　创建块、插入块和外部引用。

(1)打开素材文件"dwg\ch09\xt-2.dwg",如图 9.44 所示。将图形定义为图块,块名为 Block,插入点在 A 点。

(2)打开素材文件"dwg\ch09\xt-3.dwg",然后插入图块,结果如图 9.45 所示。

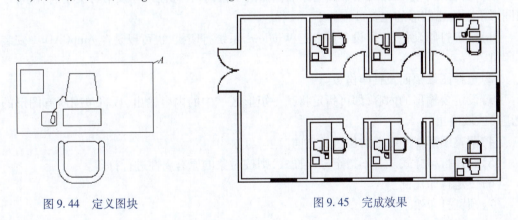

图 9.44　定义图块　　　　　　　　图 9.45　完成效果

项目十　打印图形

通过学习本项目,你将了解到:
(1)图形输出的完整过程。
(2)打印设备的选择,当前打印设备的设置。
(3)图纸幅面的选择和打印区域的设定。
(4)打印方向、位置的调整和打印比例的设定。
(5)如何将小幅面图纸组合成大幅面图纸进行打印。

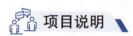

项目说明

AutoCAD 是一个功能强大的绘图软件,所绘制的图形被广泛应用于许多领域,对广大用户而言,最终的打印出图是必经之路。本项目向读者介绍如何在 AutoCAD 中进行图纸打印,以及如何进行打印设置并正确出图。

项目准备

在模型空间中将工程图样布置在标准幅面的图框内,在标注尺寸及书写文字后,就可以输出图形了。输出图形的主要过程如下:
(1)指定打印设备,打印设备可以是 Windows 系统打印机,也可以是在 AutoCAD 中安装的打印机。
(2)选择图纸幅面及打印份数。
(3)设定要输出的内容,如可指定将某一矩形区域中的内容输出,或将包围所有图形的最大矩形区域输出。
(4)调整图形在图纸上的位置及方向。
(5)选择打印样式。若不指定打印样式,则按对象的原有属性进行打印。
(6)设定打印比例。
(7)预览打印效果。

任务一　设置打印参数

在 AutoCAD 中,用户可使用内部打印机或 Windows 系统打印机输出图形,并能方便地修改打印机设置及其他打印参数。选择"文件"→"打印"命令,打开"打印-模型"对话框,如图 10.1 所示。在该对话框中可配置打印设备及选择打印样式,还能设定图纸幅面、打印比例及打印区域等参数。

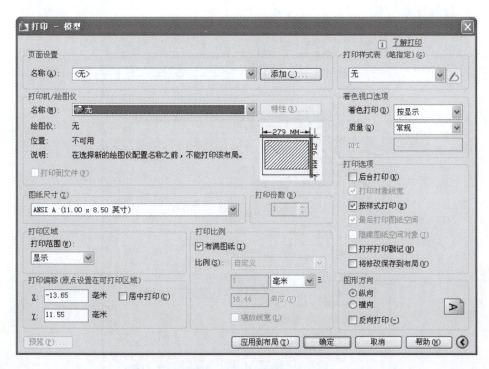

图 10.1 "打印-模型"对话框

1. 选择打印设备

用户可在"打印机/绘图仪"选项组的"名称"下拉列表中选择 Windows 系统打印机或者 AutoCAD 内部打印机(".pc3"文件)作为输出设备。这两种打印机名称前的图标是不一样的。当用户选定某种打印机后,"名称"下拉列表下面将显示被选中设备的名称、连接端口以及其他有关打印机的注释信息。

如果想要将图形输出到文件中,则应在"打印机/绘图仪"选项组中勾选"打印到文件"复选框。此后,当单击"打印-模型"对话框中的确定按钮时,系统将自动弹出"浏览打印文件"对话框,通过此对话框可指定输出文件的名称及地址。

如果想修改当前打印机的设置,可单击 特性(R)... 按钮,打开"绘图仪配置编辑器"对话框,如图 10.2 所示。在该对话框中可以重新设定打印机端口及其他输出设置,如打印介质、图形特性、自定义特性、校准、自定义图纸尺寸等。

"绘图仪配置编辑器"对话框有"常规""端口""设备和文档设置"三个选项卡,各选项卡的功能如下:

(1)"常规":该选项卡包含了打印机配置文件(".pc3"文件)的基本信息,如配置文件的名称、驱动程序信息及打印机端口等,用户可在此选项卡的"说明"列表框中加入其他注释信息。

(2)"端口":通过此选项卡,用户可修改打印机与计算机的连接设置,如选定打印端口、指定打印到文件及后台打印等。

(3)"设备和文档设置":在该选项卡中用户可以指定图纸的来源、尺寸和类型,并能修改颜色深度、打印分辨率等。

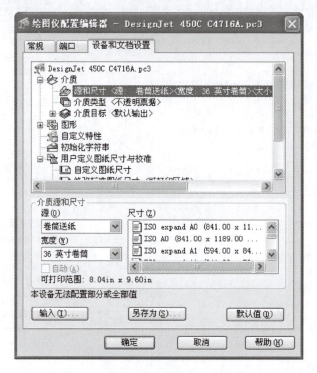

图 10.2 "绘图仪配置编辑器"对话框

2. 使用打印样式

使用打印样式可以从多方面控制对象的打印方式，打印样式也属于对象的一种特性，它用于修改打印图形的外观。用户可以设置打印样式来替代其他对象原有的颜色、线型和线宽特性。

打印样式表是指定给布局选项卡或"模型"选项卡的打印样式的集合。AutoCAD 提供了几百种打印样式，并将其组合成一系列打印样式表。打印样式表有两种类型：颜色相关打印样式表和命名打印样式表。

1) 颜色相关打印样式表

以对象的颜色为基础，用颜色控制笔号、线型和线宽等参数。通过使用颜色相关打印样式控制对象的打印方式，确保所有颜色相同的对象以相同的方式打印。该打印样式是由颜色相关打印样式表所定义的，文件扩展名为".ctb"。例如，图形中所有红色对象均以相同方式打印，可以在颜色相关打印样式表中编辑打印样式，但不能添加或删除打印样式。另外，该打印样式表中有 255 种打印样式，每种样式对应一种颜色。

用户若要使用颜色相关打印样式的模式，可通过以下操作步骤进行设置：

(1) 选择"工具"→"选项"命令，打开"选项"对话框，选择"打印和发布"选项卡，如图 10.3 所示。

(2) 在"打印和发布"选项卡中单击"打印样式表设置"按钮，打开"打印样式表设置"对话框，如图 10.4 所示。

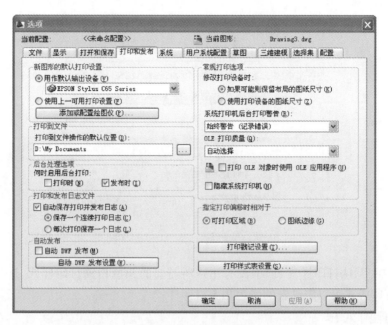

图 10.3 "选项"对话框的"打印和发布"选项卡

图 10.4 "打印样式表设置"对话框

(3)在"新图形的默认打印样式"选项组中选择"使用颜色相关打印样式"单选按钮,则处于颜色相关打印样式的模式。而已有的颜色相关打印样式和各种模式就存放在其下方的"当前打印样式表设置"选项组中的"默认打印样式表"中,可以在此下拉列表框中选择所需的颜色相关打印样式,如图 10.5 所示。

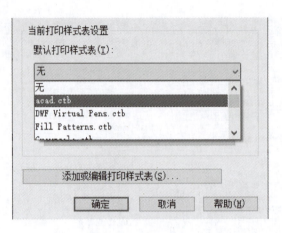

图 10.5　选择所需的颜色相关打印样式

(4)如果在"默认打印样式表"中没有用户所需要的颜色相关打印样式,这就需要用户创建颜色相关打印样式表以定义新的颜色相关打印样式。

2)命名打印样式表

命名打印样式可以独立于图形对象的颜色使用。使用命名打印样式时,可以像使用其他对象特性那样使用图形对象的颜色特性,而不像使用颜色相关打印样式时,图形对象的颜色受打印样式的限制。命名打印样式是由命名打印样式表定义的,其文件扩展名为". stb"。

用户可在"打印样式表设置"对话框中的"新图形的默认打印样式"选项组中选择"使用命名打印样式"单选按钮,如图 10.6 所示。

图 10.6　使用命名打印样式

此时，AutoCAD 2010 就处于命名打印样式的模式。而已有的命名打印样式的各种模式就存放在其下面的"当前打印样式表设置"选项组中的"默认打印样式表"中，如图 10.7 所示，可以在该下拉列表中选择所需的命名打印样式。

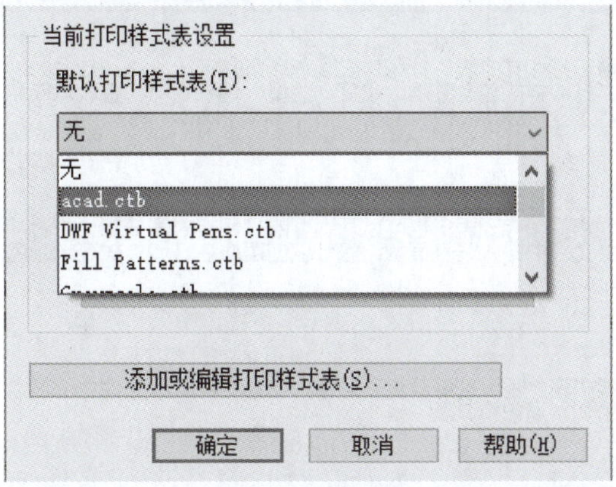

图 10.7　选择所需的命名打印样式

如果在"默认打印样式表"中没有用户所需要的命名打印样式，这就需要用户创建新的命名打印样式表。

3）添加打印样式表

如果 AutoCAD 2010 所提供的默认打印样式表中没有用户所需的颜色相关打印样式或命名打印样式，可通过"打印样式管理器"添加新的打印样式表。

（1）选择"文件"→"打印样式管理器"命令，打开"打印样式管理器"，也就是 Plot Styles 文件夹，如图 10.8 所示。

图 10.8　打印样式管理器

(2)在"打印样式管理器"中,双击"添加打印样式表向导"文件,打开"添加打印样式表"对话框,如图10.9所示。

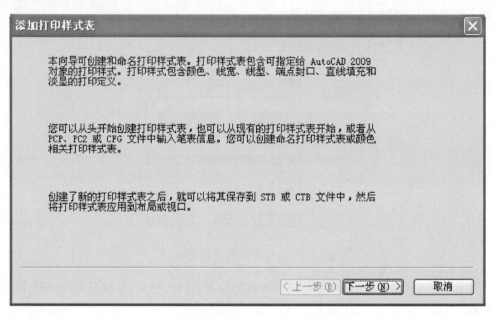

图10.9 "添加打印样式表"对话框

(3)单击"下一步"按钮,打开"添加打印样式表-开始"对话框,如图10.10所示。

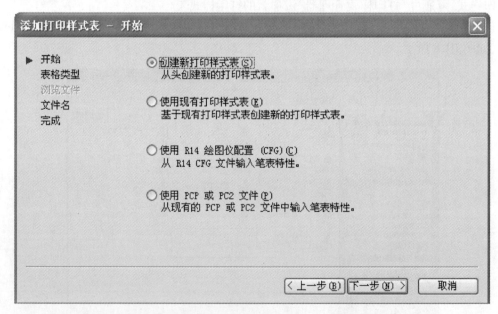

图10.10 "添加打印样式表-开始"对话框

(4)保持"创建新打印样式表"单选按钮处于选中状态,单击"下一步"按钮,打开"添加打印样式表-选择打印样式表"对话框,如图10.11所示。

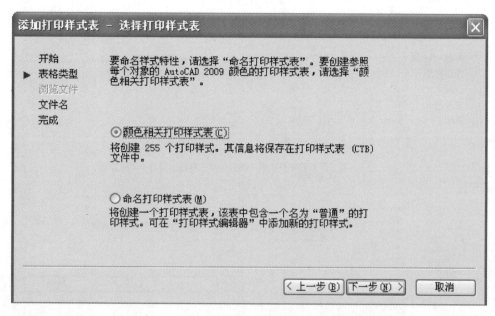

图 10.11 "添加打印样式表-选择打印样式表"对话框

(5)在该对话框中可选择要创建的新颜色相关打印样式表,还要创建新的命名打印样式表。选择"命名打印样式表"单选按钮,然后单击"下一步"按钮,打开"添加打印样式表-文件名"对话框,如图 10.12 所示。

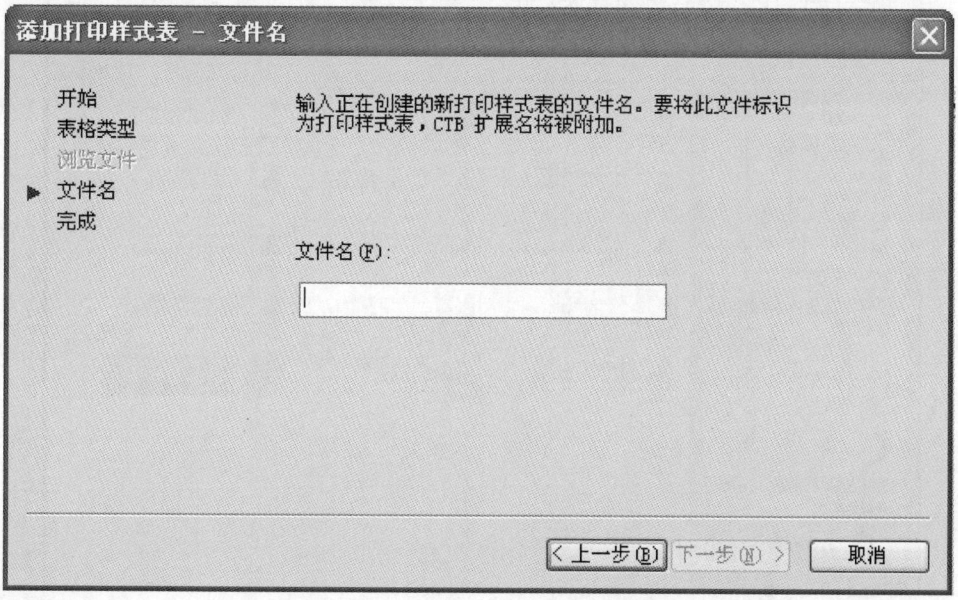

图 10.12 "添加打印样式表-文件名"对话框

(6)设置文件名为 Custom,然后单击"下一步"按钮,打开"添加打印样式表-完成"对话框,如图 10.13 所示。

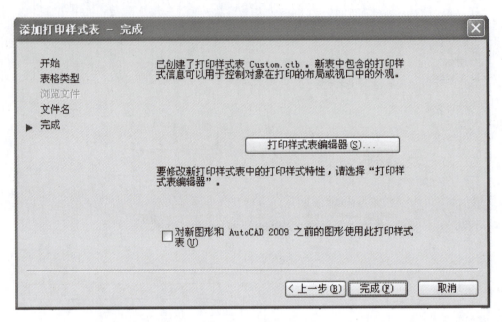

图 10.13 "添加打印样式表-完成"对话框

(7)单击"完成"按钮,创建出名为 Custom 的打印样式表。在"打印样式管理器"中将出现 Custom. stb 文件,如图 10.14 所示。

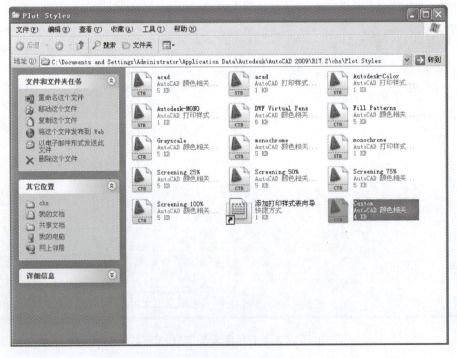

图 10.14 Custom. stb 文件

3. 选择图纸幅面

在"打印-模型"对话框的"图纸尺寸"下拉列表中指定图纸大小,如图 10.15 所示,"图纸尺寸"下拉列表中包含了已选打印设备可用的标准图纸尺寸。当选择某种幅面的图纸时,该列表右上角会出现所选图纸及实际打印范围的预览图像(打印范围用阴影表示出来,可在"打印区域"选项组中设定)。将鼠标指针移动到图像上面后,在鼠标指针位置处就会显示出精确的图纸尺寸及图纸上可打印区域的尺寸。

除了从"图纸尺寸"下拉列表中选择标准图纸外,用户也可以创建自定义的图纸尺寸。此时,用户需要修改所选打印设备的配置。

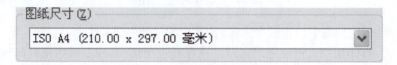

图 10.15 "图纸尺寸"下拉列表

【案例 10-1】创建自定义图纸。

操作步骤如下:

(1)在"打印-模型"对话框的"打印机/绘图仪"选项组中单击 特性(R)... 按钮,打开对话框,在"设备和文档设置"选项卡中选择"自定义图纸尺寸"选项,如图 10.16 所示。

(2)单击 添加(A)... 按钮,弹出"自定义图纸尺寸-开始"对话框。

(3)连续单击按钮,并根据提示设置图纸参数,最后单击按钮完成设置。

(4)返回"打印-模型"对话框,系统将在"图纸尺寸"下拉列表中显示自定义图纸尺寸。

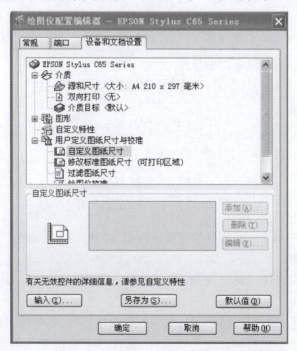

图 10.16 "绘图仪配置编辑器"对话框

4. 设定打印区域

在"打印-模型"对话框的"打印区域"选项组中设置要输出的图形范围,如图 10.17 所示。

图 10.17 "打印区域"分组框

"打印范围"下拉列表中包含四个选项,各选项的说明如下:

(1)"窗口":打印用户自己设定的区域。选择此选项后,系统提示指定打印区域的两个角点,同时在"打印-模型"对话框中显示 窗口(O)< 按钮,单击此按钮,可重新设定打印区域。

(2)"范围":打印图样中的所有图形对象。

(3)"图形界限":从模型空间打印时,"打印范围"下拉列表中将显示出"图形界限"选项。选择该选项,系统将把设定的图形界限范围(用 LIMITS 命令设置图形界限)打印在图纸上。

(4)"显示":打印整个图形窗口。

5. 设定打印比例

在"打印-模型"对话框的"打印比例"选项组中设置出图比例,如图 10.18 所示。绘制阶段用户根据实物按 1∶1 的比例绘图,出图阶段需依据图纸尺寸确定打印比例,该比例是图纸尺寸单位与图形单位的比值。当测量单位是 mm,打印比例设定为 1∶2 时,表示图纸上的 1 mm 代表两个图形单位。

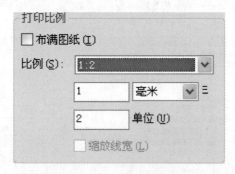

图 10.18 "打印比例"选项组

"比例"下拉列表中包含一系列标准缩放比例值,此外,还有"自定义"选项,该选项使用户可以自己指定打印比例。

从模型空间打印时,打印"比例"的默认设置是"布满图纸",此时,系统将缩放图形以充满所选定的图纸。

"缩放线宽":图形一般要按比例绘制,根据相关绘图标准,各种图线要设定不同线宽。比如可见轮廓线为 0.4 mm,在打印时如果改变比例,此选项将决定线的宽度是否随之按比例改变。

任务二　设定着色打印

着色打印用于指定着色图及渲染图的打印方式,并可设定它们的分辨率。在"打印-模型"对话框的"着色视口选项"选项组中设置着色打印方式,如图 10.19 所示。

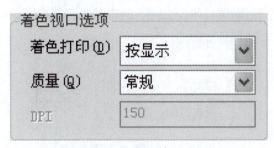

图 10.19　"着色视口选项"选项组

"着色视口选项"选项组中包含以下三个选项:
1)"着色打印"下拉列表
(1)按显示:按对象在屏幕上的显示进行打印。
(2)线框:按线框方式打印对象,不考虑其在屏幕上的显示情况。
(3)消隐:打印对象时消除隐藏线,不考虑其在屏幕上的显示情况。
(4)三维隐藏:按"三维隐藏"视觉样式打印对象,不考虑其在屏幕上的显示方式。
(5)三维线框:按"三维线框"视觉样式打印对象,不考虑其在屏幕上的显示方式。
(6)概念:按"概念"视觉样式打印对象,不考虑其在屏幕上的显示方式。
(7)真实:按"真实"视觉样式打印对象,不考虑其在屏幕上的显示方式。
(8)渲染:按"渲染"视觉样式打印对象,不考虑其在屏幕上的显示方式。
2)"质量"下拉列表
(1)草稿:将渲染及着色图按线框方式打印。
(2)预览:将渲染及着色图的打印分辨率设置为当前设备分辨率的 1/4,DPI 的最大值为"150"。
(3)常规:将渲染及着色图的打印分辨率设置为当前设备分辨率的 1/2,DPI 的最大值为"300"。
(4)演示:将渲染及着色图的打印分辨率设置为当前设备分辨率,DPI 的最大值为"600"。
(5)最大:将渲染及着色图的打印分辨率设置为当前设备分辨率。
(6)自定义:将渲染及着色图的打印分辨率设置为"DPI"文本框中用户指定的分辨率,最大可为当前设备的分辨率。
3)DPI
设定打印图像时每英寸的点数,最大值为当前打印设备分辨率的最大值。只有当"质量"下拉列表中选择了"自定义"选项后,此选项才可用。

1. 调整图形打印方向和位置

图形在图纸上的打印方向可通过"图形方向"选项组中的选项进行调整,如图 10.20 所示。该选项组中包含一个图标A，此图标用来表明图纸的放置方向，图标中的字母代表图形在图纸上的打印方向。

"图形方向"选项组中包含以下三个选项：

(1)"纵向"：图形在图纸上的设置方向是水平的。

(2)"横向"：图形在图纸上的设置方向是竖直的。

(3)"反向打印"：使图形颠倒打印，此选项可与"纵向""横向"选项结合使用。

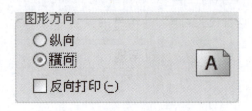

图 10.20　"图形方向"选项组

图形在图纸上的打印位置由"打印偏移"选项组中的选项确定，如图 10.21 所示。默认情况下，系统设置从图纸左下角打印图形。打印原点处在图纸左下角位置，坐标是(0,0)，用户可在"打印偏移"选项组中设定新的打印原点，这样图形在图纸上将沿 x 轴和 y 轴移动。

"打印偏移"选项组中包含以下三个选项：

"居中打印"：在图纸的正中间打印图形(自动计算 x 方向和 y 方向的偏移值)。

"X"：指定打印原点在 x 方向的偏移值。

"Y"：指定打印原点在 y 方向的偏移值。

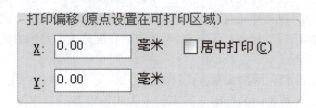

图 10.21　"打印偏移"选项组

2. 预览打印效果

打印参数设置完成后，可通过打印预览观察图形的打印效果。如果不合适，可重新进行调整，以免浪费图纸。

单击"打印-模型"对话框下方的 预览(P)... 按钮，系统将显示出实际打印效果。由于系统要重新生成图形，因此对于复杂图形来说需要耗费较多的时间。

预览效果时鼠标指针会变成 形状，此时可以进行实时缩放操作，预览完毕后，按【Esc】键或【Enter】键返回"打印-模型"对话框。

3. 保存打印设置

用户选择好打印设备并设置完打印参数(如图纸幅面、比例及方向等)后可将其保存在页面设置中，以便以后使用。

在"打印-模型"对话框的"页面设置"选项组的"名称"下拉列表中列出了所有已命名的页面设置,若要保存当前页面设置,就要单击该列表右边的 添加(.)... 按钮,打开"添加页面设置"对话框,如图10.22所示。在该对话框的"新页面设置名"文本框中输入页面名称,然后单击 确定(0) 按钮,存储页面设置。

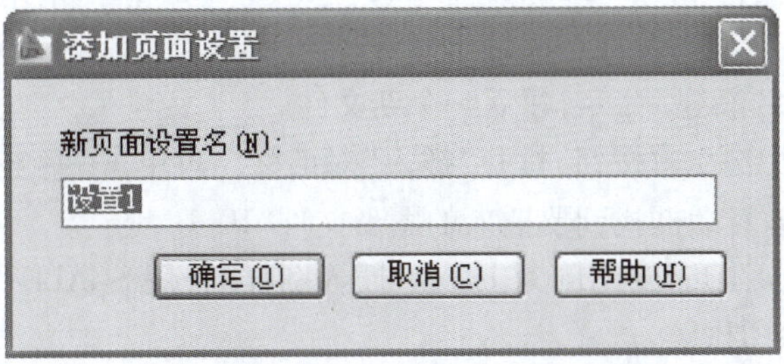

图 10.22 "添加页面设置"对话框

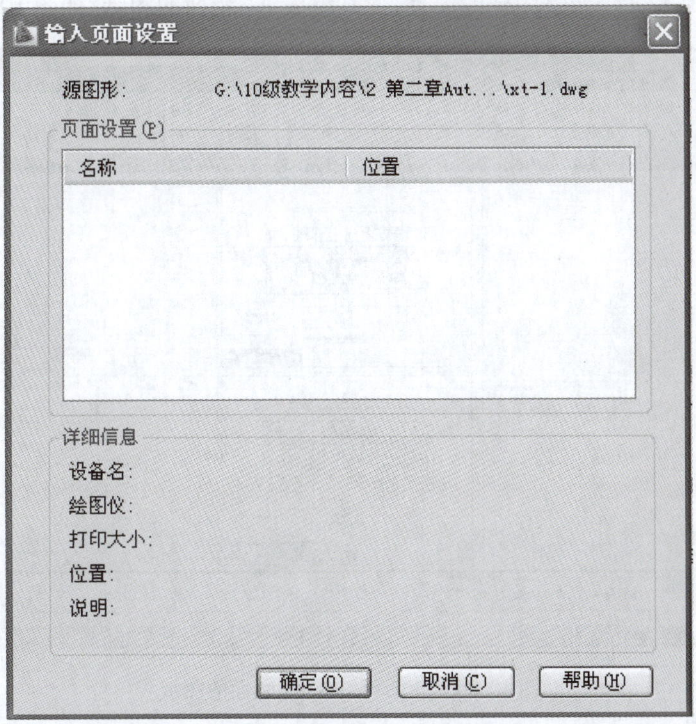

图 10.23 "输入页面设置"对话框

用户也可以从其他图形中输入已定义页面设置。在"页面设置"选项组的"名称"下拉列表中选择"输入"选项,打开"从文件选择页面设置"对话框,选择并打开所需的图形文件后,弹出"输入页面设置"对话框,如图10.23所示。该对话框显示了图形文件中所包含的页面设置,选择其中一种设置,单击 确定(0) 按钮完成操作。

任务三　将多张图纸布置在一起打印

为了节省图纸,常常需要将几个图样布置在一起打印。

【**案例 10-2**】素材文件"dwg\ch10\10-1.dwg"和"10-2.dwg"都采用 A2 幅面的图纸,绘图比例均为 1∶100,现将它们布置在一起输出到 A1 幅面的图纸上。

(1)选择"文件"→"新建"命令,建立一个新文件。

(2)单击"块"面板中的 按钮,打开"插入"对话框。再单击 浏览(B)... 按钮,打开"选择图形文件"对话框,通过该对话框找到要插入的图形文件"10-1.dwg"。

(3)设定插入文件时的缩放比例为 1∶1。插入图样后,用 SCALE 命令缩放图形,缩放比例为 1∶100(图样的绘图比例)。

(4)用与步骤(2)相同的方法插入文件"10-2.dwg",插入时的缩放比例为 1∶1。插入图样后,用 SCALE 命令缩放图形,缩放比例为 1∶100。

(5)使用 MOVE 命令调整图样的位置,使其组成 A1 幅面的图纸,如图 10.24 所示。

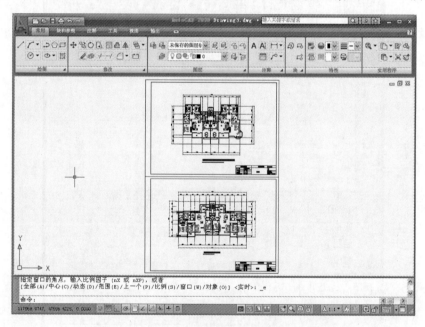

图 10.24　使图形组成 A1 幅面的图纸

(6)选择"文件"→"打印"命令,打开"打印-模型"对话框,如图 10.25 所示,在其中进行以下设置:

在"打印机/绘图仪"选项组的"名称"下拉列表中选择打印设备"DesignJet 450C C4716A.pc3"。

- 在"图纸尺寸"下拉列表中选择 A1 幅面的图纸。
- 在"打印样式表"选项组的下拉列表中选择打印样式"monochrome.ctb"(将有颜色打印为黑色)。

图 10.25 "打印-模型"对话框

- 在"打印范围"下拉列表中选择"范围"选项。
- 在"打印比例"选项组中勾选"布满图纸"复选框。
- 在"图形方向"选项组中选择"纵向"单选按钮。

(7) 单击 预览(P)... 选项组按钮,预览打印效果,如图 10.26 所示。若满意,单击"打印"按钮开始打印。

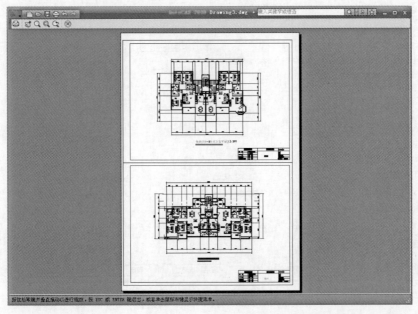

图 10.26 预览打印效果

项目总结

本项目向读者介绍了输出图形的完整过程,以及如何进行打印设置并正确出图的方法。通过本项目的学习,使读者可以掌握从模型空间打印图形的方法,并学会将多张图纸布置在一起打印的技巧。

项目实训

实训任务 从模型空间打印图形。

(1)打开素材文件"dwg\ch10\xt-1.dwg"。

(2)选择"文件"→"打印"命令,打开"打印-模型"对话框,如图10.27所示,在其中完成以下设置。

• 在"图纸尺寸"下拉列表中选择A2幅面的图纸。

• 在"打印样式表"选项组的下拉列表中选择打印样式monochrome.ctb(将所有颜色打印为黑色)。

• 在"打印范围"下拉列表中选择"窗口"选项。

• 在"打印比例"选项组中勾选"布满图纸"复选框。

• 在"图形方向"选项组中选择"纵向"单选按钮。

(3)单击 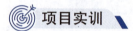 按钮,预览打印效果,如图10.28所示。若满意,单击"确定"按钮开始打印。

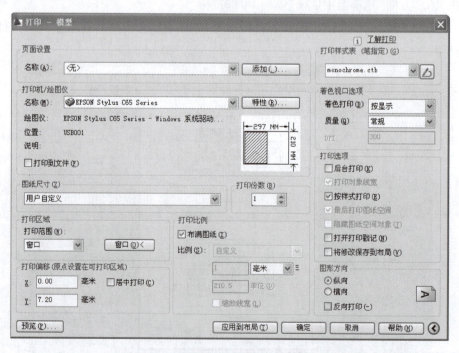

图10.27 "打印-模型"对话框

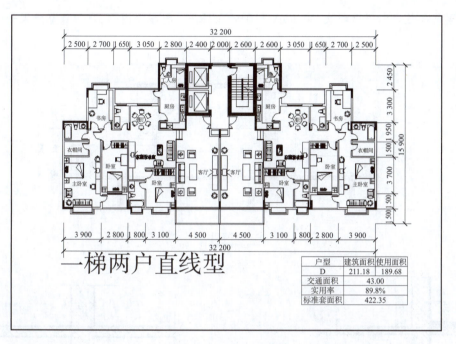

图 10.28　预览打印效果

项目拓展

拓展任务一　打开素材文件"dwg\ch10\xt-2.dwg",打印此图形,打印预览效果如图 10.29 所示。

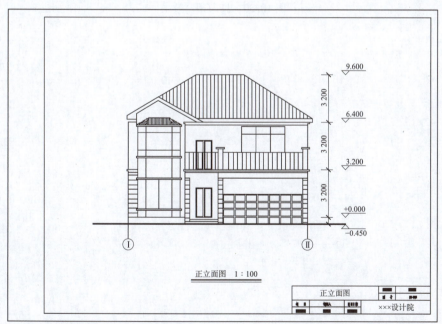

图 10.29　打印预览效果

拓展任务二 打开素材文件"dwg\ch10\xt-3.dwg",打印此图形,打印预览效果如图 10.30 所示。

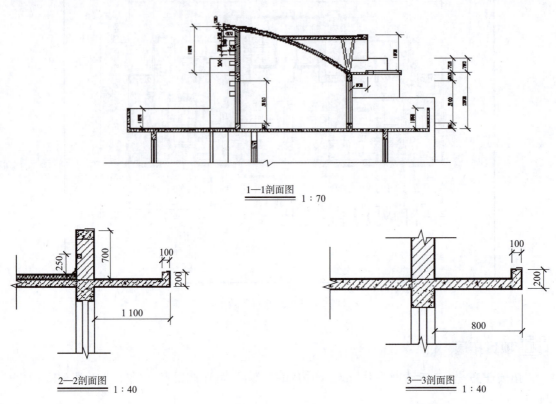

图 10.30 打印预览效果

项目十一　三维建模

通过学习本项目,你将了解到:
(1)三维绘图基础。
(2)三维点和线的绘制。
(3)三维曲面的绘制。
(4)基本实体的绘制。
(5)如何通过二维图形创建三维图形。
(6)三维操作。

项目说明

三维图形的绘制广泛应用在工程设计和绘图过程中。随着 CAD 软件的不断发展,现在直接由思维中的三维模型开始设计,其最直接的好处是三维设计形象、直观,设计结构的合理性让人一目了然,且能非常直观方便地进行干涉检查,甚至可以作运动干涉分析。通过本项目的学习,读者将了解三维建模的基础知识。

项目准备

在三维空间中,图形的位置和大小均用三维坐标来表示,三维坐标就是平时所说的 XYZ 空间。在 AutoCAD 中,三维坐标系定义为世界坐标系和用户坐标系。

1. 用户坐标系

AutoCAD 2010 提供了两种坐标形式,一种是世界坐标系(WCS)的固定坐标系,另一种是用户坐标系(UCS)的可移动坐标系。在系统默认的情况下,这两个坐标系在图形区域中是重合的。

在默认情况下,AutoCAD 的坐标系为 WCS,其 x 轴水平,y 轴垂直,z 轴代表深度,原点为 x 轴和 y 轴的交点(0,0)。图形文件中的所有对象均由其 WCS 坐标定义。若需要在绘图过程中改变坐标位置或者绘图面,用户可以使用坐标改变坐标的位置和方向。

启动坐标系的方法有以下两种:
(1)单击 UCS 工具栏中相应的按钮,如图 11.1 所示。
(2)在命令行中输入 UCS。

图 11.1　UCS 工具栏

```
命令:UCS
当前 UCS 名称:* 世界 *
指定 UCS 的原点或[面(F)/命名(NA)/对象(OB)/上一个(P)/视图(V)/世界(W)/X/Y/Z/Z 轴(ZA)]<世界>:
```

提示选项解释如下：

(1)面(F)：在提示中输入 F。用于与三维实体的选定面对齐。

(2)命名(NA)：该选项的功能是按照名称保存并恢复通常使用的 UCS 方向。

(3)对象(OB)：该选项的功能是在选定图形对象上定义新的坐标系。AutoCAD 的新原点和 x 轴正方向由选择的图形对象决定。所选择的图像对象不同，新原点和 x 轴的正方向也不同。

(4)上一个(P)：该选项的功能是恢复上一个 UCS。AutoCAD 系统会自动保留在图纸空间中创建的最后 10 个坐标系，以及在模型空间中创建的最后 10 个坐标系。

(5)视图(V)：该选项的功能是新建一个以垂直于观察方向的平面为 xy 平面的坐标系。

(6)世界(W)：该选项的功能是将当前用户坐标系设置为世界坐标系。

2. 设置视点

AutoCAD 2010 提供有多种显示三维图形的方法。在模型空间中，可以从任何方向观察图形，观察图形的方向称为视点。建立三维视图，离不开观察视点的调整，通过不同的视点，可以观察立体模型的不同侧面和效果。

视点是指观察图形的方向，设置视点可分为三种：

1)用"视点设置"对话框设置视点

单击"菜单浏览器"按钮，选择"视图"→"三维视图"→"视点预设"命令(DDVPOINT)，打开"视点预设"对话框，为当前视口设置视点，如图 11.2 所示。

"视点预设"对话框左侧用于设置原点和视点之间的连线在 XY 平面的投影与 X 轴正向的夹角；右侧的半圆形用于设置该连线与投影之间的夹角，在图上直接拾取即可。也可以在"X 轴""XY 平面"两个文本框中输入相应的角度。单击"设置为平面视图"按钮，可以将坐标系设置为平面，默认情况下，观察角度是相对于 WCS 坐标系的。选择"相对于 UCS"单选按钮，可相对于 UCS 坐标系定义角度。

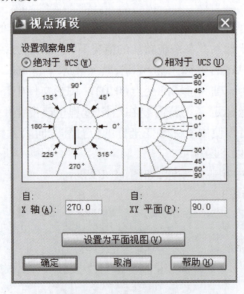

图 11.2 "视点预设"对话框

2)使用罗盘确定视点

单击"菜单浏览器"按钮,选择"视图"→"三维视图"→"视点"命令(VPOINT),可以为当前视口设置视点,该视点均是相对于 WCS 坐标系的。这时可通过屏幕上显示的罗盘定义视点。

三轴架的三个轴分别代表 x 轴、y 轴和 z 轴的正方向。当光标在坐标球范围内移动时,三维坐标系通过绕 z 轴旋转可调整 x、y 轴的方向。坐标球中心及两个同心圆可定义视点和目标点连线与 x、y、z 平面的角度,如图 11.3 所示。

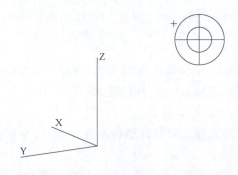

图 11.3　三轴架

3)使用"三维菜单"设置视点

单击"菜单浏览器"按钮,选择"视图"→"三维视图"子菜单中的"俯视""仰视""左视""右视""主视""后视""西南等轴测""东南等轴测""东北等轴测""西北等轴测"命令,从多个方向来观察图形,如图 11.4 所示。

图 11.4　三维视图

3. 应用与管理视觉样式

视觉样式用于改变模型在视口中的显示外观,它是一组控制模型显示方式的设置,这些设置包括面设置、环境设置、边设置等。面设置控制视口中面的外观,环境设置控制阴影和背景,边设置控制如何显示边。当选中一种视觉样式时,AutoCAD 在视口中按样式规定的形式显示模型。

AutoCAD 2010 提供了五种默认视觉样式,分别为二维线框、三维线框、三维隐藏、真实和概念,如图 11.5 所示。

命令启用方式:

(1)菜单栏:选择"视图"→"视觉样式"子菜单中相应的命令。

(2)工具栏:单击"视觉样式"工具栏中相应的按钮。

(3)命令行:在命令行中输入 vscurrent。

> 命令:VSCURRENT
> 输入选项[二维线框(2)/三维线框(3)/三维隐藏(H)/真实(R)/概念(C)/其他(O)] <真实>:

(1)二维线框:以线框形式显示对象,光栅图像、线型及线宽均可见,如图 11.6(a)所示。

(2)三维线框:以线框形式显示对象,同时显示着色的 UCS 图标,光栅图像、线型及线宽均可见,如图 11.6(b)所示。

(3)三维隐藏:以线框形式显示对象并隐藏不可见直线,光栅图像及线宽均可见,线型不可见,如图 11.6(c)所示。

(4)概念:对模型表面进行着色,着色时采用从冷色到暖色的过渡而不是从深色到浅色的过渡,效果缺乏真实感,但可以很清楚地显示模型细节,如图 11.6(d)所示。

(5)真实:对模型表面进行着色,显示已附着于对象的材质,光栅图像、线型及线宽均可见,如图 11.6(e)所示。

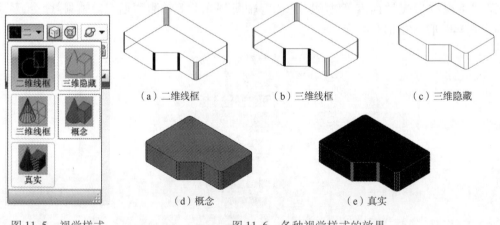

图 11.5　视觉样式

图 11.6　各种视觉样式的效果

任务一　绘制三维点和线

用户在 AutoCAD 2010 中,可以直接使用点、直线等命令绘制简单的三维图形。三维点和线是三维绘图中最基本的元素。三维点在绘制三维图形的过程中,起到标记的作用。可以使用点、直线、样条曲线、三维多段线及三维螺旋线等命令绘制简单的三维图形。

1. 绘制三维点

单击"菜单浏览器"按钮,选择"绘图"→"点"→"单点"命令,在命令行中直接输入三维坐标即可绘制三维点,如图 11.7 所示。

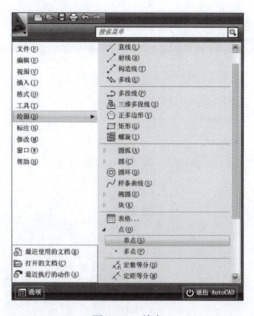

图 11.7　单点

由于三维图形对象上的一些特殊点,如交点、中点等不能通过输入坐标的方法实现,可以采用三维坐标下的目标捕捉法拾取点。

单击"菜单浏览器"按钮,选择"工具"→"草图设置"命令,打开"草图设置"对话框,选择"对象捕捉"选项卡,在其中进行相应设置,单击"确定"按钮后退出,如图 11.8 所示。

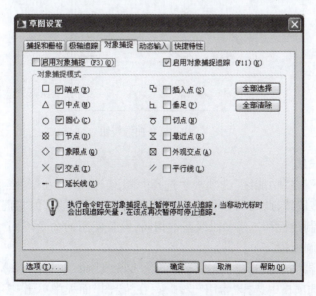

图 11.8　"草图设置"对话框

2. 绘制三维直线和样条曲线

在三维坐标系下,单击"菜单浏览器"按钮,选择"绘图"→"样条曲线"命令,如图 11.9 所示。

图 11.9　样条曲线

或者在"功能区"选项板中选择"常用"选项卡,在"绘图"面板中单击"样条曲线"按钮,都可以绘制复杂三维图形样条曲线,这时定义样条曲线的点不是共面点,如图 11.10 所示。

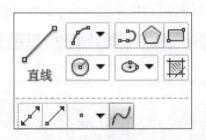

图 11.10　样条曲线按钮

3. 绘制三维多段线

在二维坐标系下,在"功能区"选项板中选择"常用"选项卡,在"绘图"面板中单击"多段线"按钮,可以绘制多段线,此时可以设置各段线条的宽度和厚度,但它们必须共面。三维坐标系下,多段线的绘制过程和二维多段线基本相同,但其使用的命令不同,并且在三维多段线中只有直线段,没有圆弧段。

单击"菜单浏览器"按钮,选择"绘图"→"三维多段线"命令(3DPOLY),如图 11.11 所示。或在"功能区"选项板中选择"常用"选项卡,在"绘图"面板中单击"多段线"按钮,此时命令行提示依次输入不同的三维空间点,以得到一个三维多段线,如图 11.12 所示。

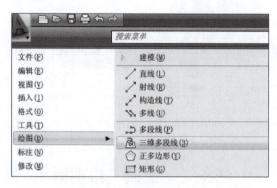

图 11.11　三维多段线

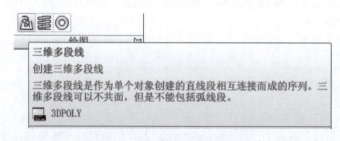

图 11.12　"三维多段线"按钮

4. 绘制三维弹簧

单击"菜单浏览器"按钮,选择"绘图"→"螺旋"命令,如图 11.13 所示。

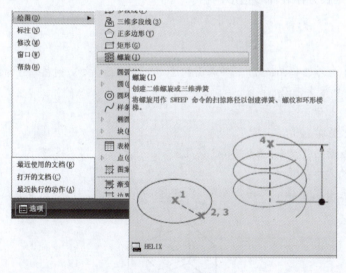

图 11.13　螺旋

或在"功能区"选项板中选择"常用"选项卡,在"绘图"面板中单击"螺旋"按钮,都可以绘制三维弹簧,如图 11.14 所示。

图 11.14 "螺旋"按钮

任务二　绘制三维曲面

曲面模型主要定义了三维模型边和表面的相关信息,它可以解决三维模型的消隐、着色、渲染和计算表面问题。

命令:3D。

命令行提示如下:

> 命令:3D
> 输入选项
> [长方体表面(B)/圆锥面(C)/下半球面(DI)/上半球面(DO)/网格(M)/棱锥体(P)/球面(S)/圆环面(T)/楔体表面(W)]:

1. 绘制长方体表面

功能:创建三维长方体表面多边形网格。

> 命令:3D
> 输入选项
> [长方体表面(B)/圆锥面(C)/下半球面(DI)/上半球面(DO)/网格(M)/棱锥体(P)/球面(S)/圆环面(T)/楔体表面(W)]:B
> 指定角点给长方体:
> 指定长度给长方体:200
> 指定长方体表面的宽度或[立方体(C)]:100　　　　　　　//如图 11.15 所示
> 指定高度给长方体:100
> 指定长方体表面绕 Z 轴旋转的角度或[参照(R)]:0　　　//如图 11.16 所示

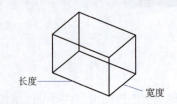

图 11.15　指定长方体表面的宽度

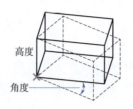

图 11.16　指定长方体表面的高度与旋转角度

(1)宽度:指定长方体表面的宽度。相对于长方体表面的角点输入一个距离或指定一个点。

(2)旋转角度:绕长方体表面的第一个指定角点旋转长方体表面。如果输入 0,那么长方体表面保持与当前 X 和 Y 轴正交。

(3)参照:将长方体表面与图形中的其他对象对齐,或按指定的角度旋转。旋转的基点是长方体表面的第一个角点。

(4)立方体:创建一个长、宽和高都相等的立方体表面。

2. 创建圆锥面

功能:创建圆锥状多边形网格。

```
命令:3D
输入选项
[长方体表面(B)/圆锥面(C)/下半球面(DI)/上半球面(DO)/网格(M)/棱锥体(P)/球面(S)/圆环面(T)/楔体表面(W)]:C
指定圆锥面底面的中心点:                    //指定点(1)
指定圆锥面底面的半径或[直径(D)]:100
指定圆锥面顶面的半径或[直径(D)] <0>:50
指定圆锥面的高度:100
输入圆锥面曲面的线段数目 <16>:             //效果如图 11.17 所示
```

图 11.17　创建圆锥面

3. 创建下半球面

功能:创建球状多边形网格的下半部分。

绘制图 11.18 所示下半球面。

```
命令:3D
输入选项
[长方体表面(B)/圆锥面(C)/下半球面(DI)/上半球面(DO)/网格(M)/棱锥体(P)/球面(S)/圆环面(T)/楔体表面(W)]:DI
```

```
指定中心点给下半球面:                    //指定点(1)
指定下半球面的半径或[直径(D)]:100
输入曲面的经线数目给下半球面 <16>:        //输入大于 1 的值或按【Enter】键
输入曲面的纬线数目给下半球面 <8>:0        //输入大于 1 的值或按【Enter】键
```

 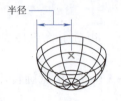 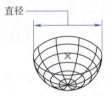

图 11.18　创建下半球面

4. 创建上半球面

功能:创建球状多边形网格的上半部分。

绘制图 11.19 所示上半球面。

```
命令:3D
输入选项
[长方体表面(B)/圆锥面(C)/下半球面(DI)/上半球面(DO)/网格(M)/棱锥体(P)/球面(S)/圆环面(T)/楔体表面(W)]:DO
指定中心点给上半球面:                    //指定点(1)
指定上半球面的半径或[直径(D)]:100
输入曲面的经线数目给上半球面 <16>:        //输入大于 1 的值或按【Enter】键
输入曲面的纬线数目给上半球面 <8>:         //输入大于 1 的值或按【Enter】键
```

  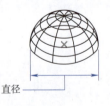

图 11.19　创建上半球面

5. 创建网格

功能:创建平面网格,其 M 向和 N 向的大小决定了沿这两个方向绘制的直线数目。M 向和 N 向与 xy 平面的 x 和 y 轴类似。

绘制图 11.20 所示网格。

```
命令:3D
输入选项
```

[长方体表面(B)/圆锥面(C)/下半球面(DI)/上半球面(DO)/网格(M)/棱锥体(P)/球面(S)/圆环面(T)/楔体表面(W)]:M
指定网格的第一角点: //指定点(1)
指定网格的第二角点: //指定点(2)
指定网格的第三角点: //指定点(3)
指定网格的第四角点: //指定点(4)
输入M方向上的网格数量:6   //输入2~256之间的值
输入N方向上的网格数量:8   //输入2~256之间的值

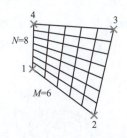

图 11.20　创建上半球面

6. 创建棱锥体表面

功能:创建一个棱锥体或四面体表面。

绘制图 11.21 所示棱锥体表面。

命令:3D
输入选项
[长方体表面(B)/圆锥面(C)/下半球面(DI)/上半球面(DO)/网格(M)/棱锥体(P)/球面(S)/圆环面(T)/楔体表面(W)]:P
指定棱锥体底面的第一角点: //指定点(1)
指定棱锥体底面的第二角点: //指定点(2)
指定棱锥体底面的第三角点: //指定点(3)
指定棱锥体底面的第四角点或[四面体(T)]:   //指定点(4)
指定棱锥体的顶点或[棱(R)/顶面(T)]:   //指定点(5)

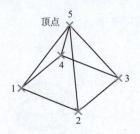

图 11.21　创建棱锥体表面

7. 创建球面

功能：创建球状多边形网格。

绘制图 11.22 所示球面。

命令：3D

输入选项

[长方体表面(B)/圆锥面(C)/下半球面(DI)/上半球面(DO)/网格(M)/棱锥体(P)/球面(S)/圆环面(T)/楔体表面(W)]:S

  指定中心点给球面：   //指定点(1)

  指定球面的半径或[直径(D)]:100

  输入曲面的经线数目给球面 <16>： //输入大于 1 的值或按【Enter】键

  输入曲面的纬线数目给球面 <16>： //输入大于 1 的值或按【Enter】键

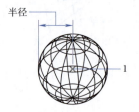

图 11.22 创建球面

8. 创建圆环面

功能：创建与当前 UCS 的 XY 平面平行的圆环状多边形网格。

绘制图 11.23 所示圆环面。

命令：3D

输入选项

[长方体表面(B)/圆锥面(C)/下半球面(DI)/上半球面(DO)/网格(M)/棱锥体(P)/球面(S)/圆环面(T)/楔体表面(W)]:T

  指定圆环面的中心点：   //指定点(1)

  指定圆环面的半径或[直径(D)]:100

  指定圆管的半径或[直径(D)]:30

  输入环绕圆管圆周的线段数目 <16>： //输入大于 1 的值或按【Enter】键

  输入环绕圆环面圆周的线段数目 <16>： //输入大于 1 的值或按【Enter】键

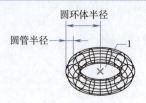

图 11.23 创建圆环面

9. 创建楔体表面

功能:创建一个直角楔状多边形网格,其斜面沿 X 轴方向倾斜。

绘制图 11.24 所示楔体表面。

```
命令:3D
输入选项
[长方体表面(B)/圆锥面(C)/下半球面(DI)/上半球面(DO)/网格(M)/棱锥体(P)/球面(S)/圆环面(T)/楔体表面(W)]:W
指定角点给楔体表面:                               //指定点(1)
指定长度给楔体表面:100
指定楔体表面的宽度:50
指定高度给楔体表面:70
指定楔体表面绕 Z 轴旋转的角度:0
```

提示:旋转的基点是楔体表面的角点。如果输入 0,那么楔体表面保持与当前 UCS 平面正交。

图 11.24 创建楔体表面

任务三 绘制基本实体

AutoCAD 能生成长方体、球体、圆柱体、圆锥体、楔形体及圆环体等基本实体。单击"菜单浏览器"按钮,选择"绘图"→"建模"子菜单中的命令,或使用"建模"工具栏,以及"三维建模"面板中包含的创建这些实体的按钮,可以绘制长方体、球体、圆柱体、楔体及圆环体等基本实体模型,如图 11.25 所示。

(a) "建模"子菜单

(b) "建模"工具栏

(c) "三维建模"面板

图 11.25 绘制基本立体的三种方法

"三维建模"面板中包含了创建这些立体的按钮,这些按钮的功能及操作时要输入的主要参数见表11.1。

表11.1 创建基本立体的按钮的功能及主要参数

按钮	功能	输入参数
	创建长方体	指定长方体的一个角点,再输入另一角点的相对坐标
	创建球体	指定球心,输入球半径
	创建圆柱体	指定圆柱体底面的中心点,输入圆柱体半径及高度
	创建圆锥体及圆锥台	指定圆锥体底面的中心点,输入锥体底面半径及锥体高度 指定圆锥台底面的中心点,输入锥台底面半径、顶面半径及锥台高度
	创建楔形体	指定楔形体的一个角点,再输入另一对角点的相对坐标
	创建圆环	指定圆环中心点,输入圆环体半径及圆管半径
	创建棱锥体及棱锥台	指定棱锥体底面边数及中心点,输入锥体底面半径及锥体高度 指定棱锥台底面边数及中心点,输入棱锥台底面半径、顶面半径及棱锥台高度

1. 绘制长方体

用长方体命令可以创建任意长方体,创建时可以用底面定点来定位,也可以用长方体中心来定位,所生成的长方体的底面平行于当前的 UCS 的 xy 平面,长方体的高沿 z 轴方向。

命令启用方式:

(1)功能区:单击"常用"选项卡"三维建模"面板中的"长方体"按钮。

(2)工具栏:单击"建模"工具栏中的 按钮。

(3)菜单栏:选择"绘图"→"建模"→"长方体"命令。

(4)命令行:在命令行中输入 box。

绘制图11.26所示长方体。

```
命令:BOX
指定第一个角点或[中心(C)]:                    //指定点(1)
指定其他角点或[立方体(C)/长度(L)]:            //指定点(2)
指定高度或[两点(2P)] <默认值>:                //指定点(3)
```

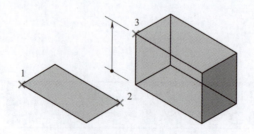

图11.26 绘制长方体

(1) 中心：使用指定的圆心创建长方体。
(2) 立方体：创建一个长、宽、高相同的长方体。
(3) 长度：按照指定长宽高创建长方体。长度与 x 轴对应，宽度与 y 轴对应，高度与 z 轴对应。
(4) 两点：指定长方体的高度为两个指定点之间的距离。

提示：如果使用与第一个角点不同的 z 值指定楔体的其他角点，那么将不显示高度提示。

2. 绘制球体

球体是最简单的三维实体，使用 Sphere（球体）命令可以按指定的球心、半径或直径绘制实心球体，球体的纬线与当前用户坐标系（UCS）的 xy 平面平行，其轴线与 z 轴平行，如图 11.27 所示。

命令启用方式：
(1) 功能区：单击"常用"选项卡"三维建模"面板中的"球体"按钮◉。
(2) 工具栏：单击"建模"工具栏中的◉按钮。
(3) 菜单栏：选择"绘图"→"建模"→"球体"命令。
(4) 命令行：在命令行中输入 sphere。

```
命令：SPHERE
指定中心点或[三点(3P)/两点(2P)/切点、切点、半径(T)]：  //指定点或输入选项
指定半径或[直径(D)] <200.0000>：
```

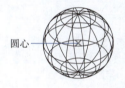
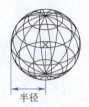
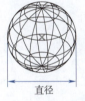

图 11.27　绘制球体

(1) 圆心：指定球体的圆心。指定圆心后，将放置球体以使其中心轴与当前用户坐标系（UCS）的 z 轴平行。纬线与 xy 平面平行。
(2) 半径：定义球体的半径。
(3) 直径：定义球体的直径。
(4) 三点(3P)：通过在三维空间的任意位置指定三个点来定义球体的圆周。三个指定点也可以定义圆周平面。
(5) 两点(2P)：通过在三维空间的任意位置指定两个点来定义球体的圆周。第一点的 z 值定义圆周所在平面。
(6) TTR（相切、相切、半径）：通过指定半径定义可与两个对象相切的球体。指定的切点将投影到当前 UCS。

提示：最初，默认半径未设置任何值。在绘制图形时，半径默认值始终是先前输入的任意实体图元的半径值。

3. 绘制圆柱体

用 Cylinder(圆柱体)命令可以绘制圆柱体、椭圆柱体,所生成的圆柱体、椭圆柱体的底面平行于 xy 平面,轴线与 z 轴相平行。可以通过 FACETRES 系统变量控制着色或隐藏视觉样式的三维曲面实体(如圆柱体)的平滑度。

绘制图 11.28 所示圆柱体。

命令启用方式:

(1)功能区:单击"常用"选项卡"三维建模"面板中的"圆柱体"按钮 。

(2)工具栏:单击"建模"工具栏中的 按钮。

(3)菜单栏:选择"绘图"→"建模"→"圆柱体"命令。

(4)命令行:在命令行中输入 cylinder。

```
命令:CYLINDER
指定底面的圆心或[三点(3P)/两点(2P)/相切、相切、半径(T)/椭圆(E)]:
    //指定圆心点(1)或输入选项
指定底面半径或[直径(D)] <默认值>:
    //指定点(2)底面半径、输入 d 指定直径或按【Enter】键指定默认的底面半径值
指定高度或[两点(2P)/轴端点(A)] <默认值>:
    //指定点(3)高度、输入选项或按【Enter】键指定默认高度值
```

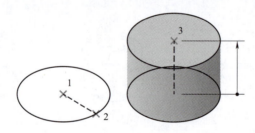

图 11.28　绘制圆柱体

(1)三点(3P):通过指定三个点来定义圆柱体的底面周长和底面。

(2)两点(2P):通过指定两个点来定义圆柱体的底面直径。

(3)相切、相切、半径(T):定义具有指定半径,且与两个对象相切的圆柱体底面。

(4)椭圆(E):指定圆柱体的椭圆底面。

(5)直径(D):指定圆柱体的底面直径。

(6)两点(2P):指定圆柱体的高度为两个指定点之间的距离。

(7)轴端点(A):指定圆柱体轴的端点位置,此端点是圆柱体的顶面圆心。轴端点可以位于三维空间的任何位置,轴端点定义了圆柱体的长度和方向。

4. 绘制楔体

用 Wedge(楔体)命令可以绘制楔形体,其斜面高度将沿着 x 轴正方向减少,底面平行于 xy 面。它的绘制方法与长方体类似,一般有两种定位方式:一种是用底面定点定位,另一种是用楔体中心定位,如图 11.29 所示。

命令启用方式：
(1) 功能区：单击"常用"选项卡"三维建模"面板中的"楔体"按钮。
(2) 工具栏：单击"建模"工具栏中的 按钮。
(3) 菜单栏：选择"绘图"→"建模"→"楔体"命令。
(4) 命令行：在命令行中输入 wedge。
绘制图 11.29 所示楔形体。

```
命令:_wedge
指定第一个角点或[中心(C)]:                    //指定点(1)
指定其他角点或[立方体(C)/长度(L)]:             //指定点(2)
指定高度或[两点(2P)] <358.3467>:              //指定点(3)
```

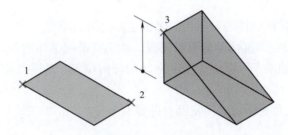

图 11.29　绘制楔形体

(1) 中心(C)：使用指定的圆心创建楔体。
(2) 立方体(C)：创建等边楔体。
(3) 长度(L)：按照指定长宽高创建楔体。长度与 x 轴对应，宽度与 y 轴对应，高度与 z 轴对应。
(4) 两点(2P)：指定楔体的高度为两个指定点之间的距离。

5. 绘制圆锥体

创建一个三维实体，该实体以圆或椭圆为底面，以对称方式形成锥体表面，最后交于一点，或交于圆或椭圆的平整面。

命令启用方式：
(1) 功能区：单击"常用"选项卡"三维建模"面板中的"圆锥体"按钮。
(2) 工具栏：单击"建模"工具栏中的 按钮。
(3) 菜单栏：选择"绘图"→"建模"→"圆锥体"命令。
(4) 命令行：在命令行中输入 cone。
绘制图 11.30 所示圆锥体。

```
命令:CONE
指定底面的圆心或[三点(3P)/两点(2P)/相切、相切、半径(T)/椭圆(E)]:
    //指定点(1)或输入选项
指定底面半径或[直径(D)] <默认值>:
```

//指定底面半径、输入 d 指定直径或按【Enter】键指定默认的底面半径值
指定高度或[两点(2P)/轴端点(A)/顶面半径(T)] <默认值>：
//指定高度、输入选项或按【Enter】键指定默认高度值

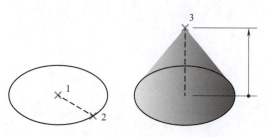

图 11.30 绘制圆锥体

(1)两点(2P)：指定圆锥体的高度为两个指定点之间的距离。

(2)轴端点(A)：指定圆锥体轴的端点位置。轴端点是圆锥体的顶点,或圆台的顶面圆心("顶面半径"选项)。轴端点可以位于三维空间的任何位置。轴端点定义了圆锥体的长度和方向。

(3)顶面半径(T)：创建圆台时指定圆台的顶面半径。

6. 绘制圆环体

圆环体有两个半径定义：一个是从圆环体中心到管道中心的圆环体半径；另一个是管道半径。随着管道半径和圆环体半径之间的相对大小的变化,圆环体的形状是不同的。

命令启用方式：

(1)功能区：单击"常用"选项卡"三维建模"面板中的"圆环体"按钮◎。

(2)工具栏：单击"建模"工具栏中的◎按钮。

(3)菜单栏：选择"绘图"→"建模"→"圆环体"命令。

(4)命令行：在命令行中输入 torus。

绘制图 11.31 所示圆环体。

```
命令：TORUS
指定中心点或[三点(3P)/两点(2P)/切点、切点、半径(T)]：     //指定点(1)或输入选项
指定半径或[直径(D)] <5370.4148>：                          //指定点(2)
指定圆管半径或[两点(2P)/直径(D)]：                         //指定点(3)
```

(1)三点(3P)：用指定的三个点定义圆环体的圆周。三个指定点也可以定义圆周所在平面。

(2)两点(2P)：用指定的两个点定义圆环体的圆周。第一点的 z 值定义圆周所在平面。

(3)相切、相切、半径(T)：使用指定半径定义可与两个对象相切的圆环体。指定的切点将投影到当前 UCS。

(4)半径：定义圆环体的半径(从圆环体中心到圆管中心的距离)。负的半径值创建形似

美式橄榄球的实体。

①半径:定义圆管半径,如图 11.32 所示。

②直径(D):定义圆管直径。

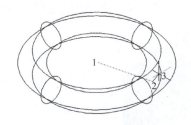

图 11.31　绘制圆环体

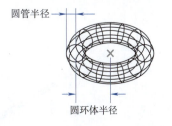

图 11.32　圆环体半径与圆管半径

任务四　通过二维图形创建三维图形

1. 二维图形拉伸成实体

在 AutoCAD 2010 中,可以将二维对象沿 Z 轴或某个方向拉伸成 3D 实体或曲面,若拉伸闭合对象,则生成实体,否则生成曲面。操作时,用户可指定拉伸高度值及拉伸对象的锥角,还可沿某一直线或曲线路径进行拉伸。

拉伸对象称为断面,可以是任何二维封闭多段线、圆、椭圆、封闭样条曲线和面域,且多段线对象的顶点数不能超过 500 个且不小于 3 个,拉伸的对象及路径见表 11.2。

表 11.2　拉伸的对象及路径

拉伸对象	拉伸路径
直线、圆弧、椭圆弧	直线、圆弧、椭圆弧
二维多段线	二维及三维多段线
二维样条曲线	二维及三维样条曲线
面域	螺旋线
实体二的平面	实体及曲面的边

命令启用方式:

(1)菜单栏:选择"绘图"→"建模"→"拉伸"命令。

(2)功能区:单击"三维建模"面板中的"拉伸"按钮。

(3)命令行:在命令行中输入 EXTRUDE(简写为 EXT)。

【案例 11-1】将任一矩形拉伸成三维实体,如图 11.33 所示。

```
命令:EXTRUDE
当前线框密度:ISOLINES = 4
选择要拉伸的对象:找到 1 个              //拾取对象 1
选择要拉伸的对象:                        //按【Enter】键确认
```

指定拉伸高度或[方向(D)/路径(P)/倾斜角(T)] <11650.8659>：
//指定点(2)或输入选项

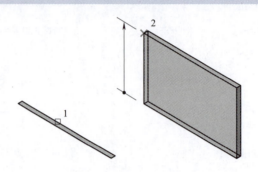

图 11.33　将矩形拉伸成三维实体

各选项参数的说明如下：

(1)拉伸高度：如果输入正值，将沿对象所在坐标系的 Z 轴正方向拉伸对象，如果输入负值，将沿 Z 轴负方向拉伸对象。对象不必平行于同一平面。如果所有对象处于同一平面上，将沿该平面的法线方向拉伸对象。默认情况下，将沿对象的法线方向拉伸平面对象。

(2)方向(D)：通过指定的两点指定拉伸的长度和方向。

(3)路径(P)：选择基于指定曲线对象的拉伸路径。路径将移动到轮廓的质心，然后沿选定路径拉伸选定对象的轮廓以创建实体或曲面。

(4)倾斜角(T)：介于 -90°~ +90°的角度，正角度表示从基准对象逐渐变细地拉伸，而负角度则表示从基准对象逐渐变粗地拉伸。默认角度 0°表示在与二维对象所在平面垂直的方向上进行拉伸。所有选定的对象和环都将倾斜到相同的角度。

【案例 11-2】启用 UCS、二维绘图工具、基本修改工具、三维拉伸、差集、视图等命令绘制图 11.34 所示三维实体。

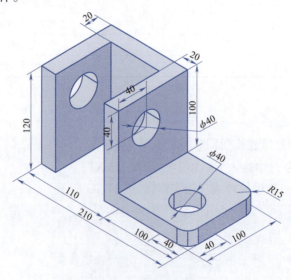

图 11.34　绘制三维实体

(1)如图 11.35 所示标注绘制二维图形,并创建面域、差集。

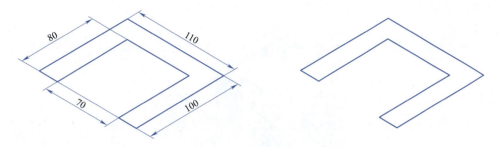

图 11.35 绘制二维图形,并创建面域、差集

(2)将差集后的图形对象进行拉伸,拉伸高度为 120,效果如图 11.36 所示。

(3)用矩形、圆、圆角等命令绘制图 11.37 所示标注绘制二维图形,并利用面域、差集命令将中间挖空,并将其进行拉伸,效果如图 11.38 所示。

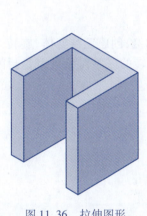

图 11.36 拉伸图形

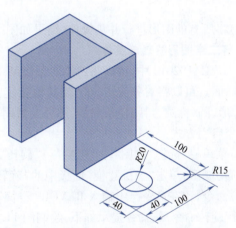

图 11.37 绘制二维图形

(4)调整 UCS,绘制图 11.39 所示半径为 20 的圆。

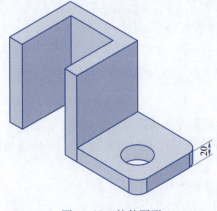

图 11.38 拉伸图形

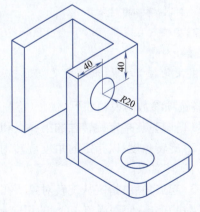

图 11.39 绘制二维图形

(5)再将 $R=20$ 的圆,拉伸成高度为 110 的圆柱体,再使用差集命令将 U 形实体挖出两个小孔,如图 11.40 所示。

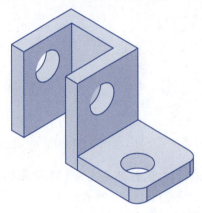

图 11.40　拉伸圆

(6)将所有的图形进行并集操作,结果如图 11.34 所示。

2. 将二维图形旋转成实体

在 AutoCAD 2010 中,可以将二维对象绕某一轴旋转闭合对象创建三维实体,旋转开放对象创建曲面。可以将对象旋转 360°或其他指定角度。用于旋转的二维对象可以是封闭多段线、多边形、圆、椭圆、封闭样条曲线、圆环及封闭区域。

命令启用方式:

(1)菜单栏:选择"绘图"→"建模"→"旋转"命令。

(2)功能区:单击"三维建模"面板中的"旋转"按钮 。

(3)命令行:在命令行中输入 REVOLVE(简写为 REV)。

执行旋转命令后,命令提示如下,绘制图 11.41 所示图形。

```
命令:REVOLVE
当前线框密度:ISOLINES=4
选择要旋转的对象:找到 1 个                    //拾取对象 1
选择要旋转的对象:                             //按【Enter】键确认
指定轴起点或根据以下选项之一定义轴[对象(O)/X/Y/Z] <对象>:O
选择对象:                                   //拾取对象 2
指定旋转角度或[起点角度(ST)] <360>:          //按【Enter】键确认
```

各选项参数的说明如下:

(1)轴起点:指定旋转轴的第一点和第二点。轴的正方向从第一点指向第二点。

(2)旋转角度:以指定的角度旋转对象。正角将按逆时针方向旋转对象。负角将按顺时针方向旋转对象。

(3)起点角度:指定从旋转对象所在平面开始的旋转偏移。

(4)Y(轴):使用当前 UCS 的正向 y 轴作为轴的正方向。

(5)Z(轴):使用当前 UCS 的正向 z 轴作为轴的正方向。

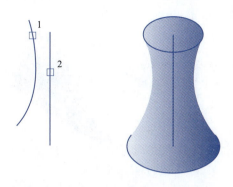

图 11.41 将二维图形旋转成三维实体

3. 将二维对象放样成三维对象

"放样"命令在若干横截面之间的空间中创建三维实体或曲面,可以在多个横截面之间的空间中创建三维实体或曲面,如果要放样的对象不是封闭图形,那么使用"放样"命令后得到的是网格面,否则得到的是三维实体。创建放样实体或曲面时,轮廓对象、路径及导向曲线见表 11.3。

表 11.3 放样对象的路径及导向曲线

轮廓对象	路径及导向曲线
直线、圆弧、椭圆弧	直线、圆弧、椭圆弧
二维多段线,二维样条曲线	二维及三维多段线
点对象,仅第一个或最后一个放样截面可以是点	二维及三维样条曲线

命令启用方式:

(1)菜单栏:选择"绘图"→"建模"→"放样"命令。

(2)工具栏:单击"建模"工具栏中的 按钮。

(3)命令行:在命令行中输入 LOFT。

执行放样命令后,命令提示如下,绘制图 11.42 所示图形。

```
命令:LOFT
按放样次序选择横截面:指定对角点:找到 1 个        //拾取对象(1)
按放样次序选择横截面:找到 1 个,总计 2 个         //拾取对象(2)
按放样次序选择横截面:找到 1 个,总计 3 个         //拾取对象(3)
按放样次序选择横截面:                          //按【Enter】键确认
输入选项[导向(G)/路径(P)/仅横截面(C)]<仅横截面>:  //按【Enter】键使用选定
的横截面,从而显示图 11.43 所示"放样设置"对话框,或输入选项
```

各选项参数的说明如下:

(1)导向(G):指定控制放样实体或曲面形状的导向曲线。导向曲线是直线或曲线,可通过将其他线框信息添加至对象来进一步定义实体或曲面的形状。可以使用导向曲线控制点如何匹配相应的横截面以防止出现不希望看到的效果(如结果实体或曲面中的皱褶)。

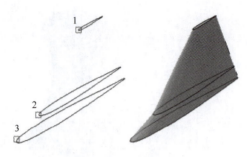

图 11.42 放样效果

(2)路径(P):指定放样实体或曲面的单一路径。路径曲线必须与横截面的所有平面相交。

(3)仅横截面(C):显示如图 11.43 所示的"放样设置"对话框。

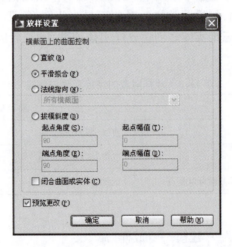

图 11.43 "放样设置"对话框

①直纹:指定实体或曲面在横截面之间是直纹(直的),并且在横截面处具有鲜明的边界。

②平滑拟合:指定在横截面之间绘制平滑实体或曲面,并且在起点和终点横截面处具有鲜明的边界。

③法线指向:控制实体或曲面在其通过横截面处的曲面法线。

④拔模斜度:控制放样实体或曲面的第一个和最后一个横截面的拔模斜度和幅值。拔模斜度为曲面的开始方向,0 定义为从曲线所在平面向外。

⑤闭合曲面或实体:闭合和开放曲面或实体。使用该选项时,横截面应该形成圆环形图案,以便放样曲面或实体可以形成闭合的圆管。

⑥预览更改:将当前设置应用到放样实体或曲面,然后在绘图区域中显示预览。

4. 将二维对象扫掠为三维对象

扫掠命令可以将平面轮廓沿二维或三维路径进行扫掠以形成实体或曲面,若二维轮廓是闭合的,则生成实体,否则生成曲面。扫掠时,轮廓一般会被移动并被调整到与路径垂直的方向,可以扫掠多个对象,但是这些对象必须位于同一平面中。默认情况下,轮廓形心与路径起始点对齐,但也可指定轮廓的其他点作为扫掠对齐点。

扫掠时可选择的轮廓对象及路径见表 11.4。

表 11.4　扫掠轮廓及路径

轮廓对象	扫掠路径
直线、圆弧、椭圆弧	直线、圆弧、椭圆弧
二维多段线	二维及三维多段线
二维样条曲线	二维及三维样条曲线
面域	螺旋线
实体上的平面	实体及曲面的边

命令启用方式:

(1)功能区:单击"常用"选项卡"三维建模"面板中的"扫掠"按钮。

(2)工具栏:单击"建模"工具栏中的按钮。

(3)菜单栏:选择"绘图"→"建模"→"扫掠"命令。

(4)命令行:在命令行中输入 SWEEP。

执行扫掠命令后,命令提示如下,绘制图 11.44 所示图形。

```
命令:SWEEP
当前线框密度: ISOLINES = 4
选择要扫掠的对象:找到 1 个                    //拾取对象(1)
选择要扫掠的对象:                              //按【Enter】键确认
选择扫掠路径或[对齐(A)/基点(B)/比例(S)/扭曲(T)]: //拾取对象(2)
```

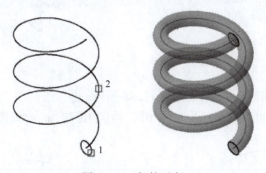

图 11.44　扫掠对象

各选项参数的说明如下:

(1)对齐(A):指定是否对齐轮廓以使其作为扫掠路径切向的法向。默认情况下,轮廓是对齐的。

(2)基点(B):指定要扫掠对象的基点。如果指定的点不在选定对象所在的平面上,则该点将被投影到该平面上。

(3)比例(S):指定比例因子以进行扫掠操作。从扫掠路径的开始到结束,比例因子将统一应用到扫掠的对象。

(4)扭曲(T):设置正被扫掠的对象的扭曲角度。扭曲角度指定沿扫掠路径全部长度的旋转量。

【案例11-3】用扫掠命令绘制图11.45所示环形弹簧。

图11.45　环形弹簧

（1）在俯视图下画一圆与一线段,如图11.46所示。

（2）用扫掠命令扫掠对象,选择短线段,再输入扭曲(T)的数值5 400(5 400°也就是15圈),最后扫掠路径选择圆,结果如图11.47所示。

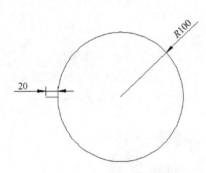

图11.46　绘制圆与线段　　　　　图11.47　扫掠对象

（3）用分解命令把图形分解,结果如图11.48所示。

（4）获得螺旋线后,再画一半径为8的小圆,再次用扫掠命令,如图11.49所示。

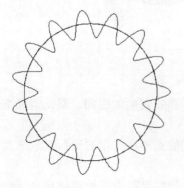

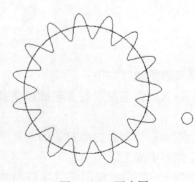

图11.48　分解图形　　　　　图11.49　画小圆

(5)扫掠对象选择小圆,扫掠路径选择螺旋线,结果如图11.50所示。

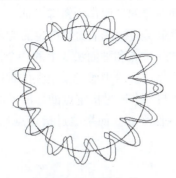

图 11.50　再次扫掠

(6)视觉样式选择概念,如图11.45所示。

任务五　三维操作

1. 三维镜像

如果镜像线是当前UCS平面内的直线,使用常见的MIRROR命令就可进行3D对象的镜像复制。但若想以某个平面作为镜像平面来创建3D对象的镜像副本,就必须使用MIRROR3D命令。如图11.51所示,把A、B、C三点定义的平面作为镜像平面,对实体进行镜像。

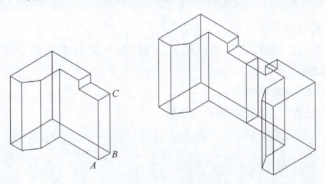

图 11.51　三维镜像

命令启用方式:
(1)功能区:单击"常用"选项卡"修改"面板中的"三维镜像"按钮。
(2)菜单栏:选择"修改"→"三维操作"→"三维镜像"命令。
(3)命令行:在命令行中输入MIRROR3D。

命令:MIRROR3D
选择对象:　　　　　　　　　　//使用对象选择方法并按【Enter】键结束命令
指定镜像平面的第一个点(三点)或[对象(O)/上一个(L)/Z轴(Z)/视图(V)/XY/YZ/ZX/三点(3)]<三点>:　　　　//输入选项、指定点或按【Enter】键

各选项参数的说明如下:
(1)对象(O):使用选定平面对象的平面作为镜像平面。
(2)上一个(L):相对于最后定义的镜像平面对选定的对象进行镜像处理。
(3) Z 轴(Z):根据平面上的一个点和平面法线上的一个点定义镜像平面。
(4)视图(V):将镜像平面与当前视口中通过指定点的视图平面对齐。
(5)XY/YZ/ZX:将镜像平面与一个通过指定点的标准平面(xy、yz 或 zx)对齐。
(6)三点:通过三个点定义镜像平面。如果通过指定点选择此选项,将不显示"在镜像平面上指定第一点"的提示。

2. 三维阵列

3DARRAY 命令是二维 ARRAY 命令的 3D 版本。通过该命令,用户可以在三维空间中创建对象的矩形或环形阵列。

命令启用方式:
(1)功能区:单击"常用"选项卡"修改"面板中的"三维阵列"按钮。
(2)菜单栏:选择"修改"→"三维操作"→"三维阵列"命令。
(3)命令行:在命令行中输入 3DARRAY。

```
命令:3DARRAY
选择对象:                                    //使用对象选择方法
输入阵列类型[矩形(R)/极轴(P)] <R>:          //输入选项或按【Enter】键
```

各选项参数的说明如下:
(1)矩形(R):在行(x 轴)、列(y 轴)和层(z 轴)矩形阵列中复制对象。一个阵列必须具有至少两个行、列或层。
(2)环形(P):绕旋转轴复制对象。

【案例 11-4】绘制魔方,效果如图 11.52 所示。

```
命令:BOX
指定第一个角点或[中心(C)]:
指定其他角点或[立方体(C)/长度(L)]:@100,100,100   //绘制边长为100的立方体
命令:
命令:3DARRAY
选择对象:找到1个                              //选择立方体
选择对象:                                    //按【Enter】键
输入阵列类型[矩形(R)/环形(P)] <矩形>:         //矩形阵列
输入行数(---) <1>:3
输入列数(|||) <1>:3
输入层数(...) <1>:3
指定行间距(---):110
指定列间距(|||):110
```

指定层间距(…):110
命令:

图 11.52 绘制魔方

3. 三维旋转

使用 ROTATE 命令仅能使对象在 xy 平面内旋转,即旋转轴只能是 z 轴。ROTATE3D 及 3DROTATE 命令是 ROTATE 的 3D 版本,这两个命令能使对象绕 3D 空间中的任意轴旋转。此外,ROTATE3D 命令还能旋转实体的表面(按住【Ctrl】键选择实体表面)。

命令启用方式:

(1)功能区:单击"常用"选项卡"修改"面板中的"三维旋转"按钮。

(2)菜单栏:选择"修改"→"三维操作"→"三维旋转"命令。

(3)命令行:在命令行中输入 3DROTATE(3R)。

```
命令:3DROTATE
UCS 当前的正角方向:   ANGDIR=逆时针   ANGBASE=0
选择对象:              //使用对象选择方法,然后在完成时按【Enter】键
指定基点:              //指定基点
拾取旋转轴:            //单击轴句柄以选择旋转轴
指定角起点:            //指定点
指定角终点:            //指定点
```

【案例 11-5】练习使用 3DROTATE 命令。

(1)打开素材文件"dwg\Ch11\11-1.dwg"。

(2)启用 3DROTATE 命令,选择要旋转的对象,按【Enter】键,AutoCAD 显示附着在鼠标指针上的旋转工具,如图 11.53 所示,该工具包含表示旋转方向的三个辅助圆。

(3)移动鼠标指针到 A 点处,并捕捉该点,旋转工具就被旋转在此点。

(4)将鼠标移动到圆 B 处,停住鼠标直至变为黄色,同时出现以圆为回转方向的回转轴,单击确认。回转轴与当前坐标系的坐标轴平行,且轴的正方向与坐标轴正向一致。

(5)输入回转角度值"90",如图 11.54 所示。角度正方向按右手螺旋法则确定,也可单击一点指定回转起点,然后单击另一点指定回转终点。

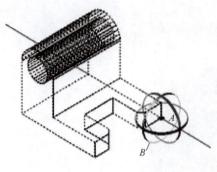 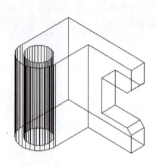

图 11.53　三维旋转　　　　　　　　图 11.54　旋转后效果

ROTATE3D 命令没有提供指示回转方向的辅助工具,但使用此命令时,用户可通过拾取两点设置回转轴。在这一点上,3DROTATE 命令没有此便利,它只能沿与当前坐标轴平行的方向设置回转轴。

4. 三维移动

用户可以使用 MOVE 命令在三维空间中移动对象,操作方式与在二维空间时一样,只不过当通过输入距离移动对象时,必须输入沿 x 轴、y 轴、z 轴的距离值。

AutoCAD 提供了专门用来在三维空间中移动对象的 3DMOVE 命令,该命令还能移动实体的面、边及顶点等子对象(按住【Ctrl】键可选择子对象)。3DMOVE 命令的操作方式与 MOVE 命令类似,但前者使用起来更形象、直观。

命令启用方式:

(1)功能区:单击"常用"选项卡"修改"面板中的"三维移动"按钮。

(2)菜单栏:选择"修改"→"三维操作"→"三维移动"命令。

(3)命令行:在命令行中输入 3DMOVE(简写为 3M)。

```
命令:3DMOVE
选择对象:                              //使用对象选择方法,在完成时按【Enter】键
指定基点或[位移(D)] <位移>:            //指定基点或输入 D
指定第二个点或 <使用第一个点作为位移>:    //指定点或按【Enter】键
```

5. 三维对齐

3DALIGN 命令在 3D 建模中非常有用,通过该命令用户可以指定源对象与目标对象的对齐点,从而使源对象的位置与目标对象的位置对齐。

命令启用方式:

(1)功能区:单击"常用"选项卡"修改"面板中的"三维对齐"按钮。

(2)菜单栏:选择"修改"→"三维操作"→"三维对齐"命令。

(3)命令行:在命令行中输入 3DALIGN(简写为 3AL)。

【案例 11-6】在三维空间应用 3DALIGN 命令。

打开素材文件"dwg\Ch11\11-2.dwg",如图 11.55 所示。用 3DALIGN 命令对齐三维对象,结果如图 11.56 所示。

```
命令:3DALIGN
选择对象:找到 1 个                          //选择要对齐的对象
选择对象:                                   //按【Enter】键
指定源平面和方向...
指定基点或[复制(C)]:                        //捕捉源对象 M 上的第一点 A,如图 11.55 所示
指定第二个点或[继续(C)] <C>:               //捕捉源对象 M 上的第二点 B
指定第三个点或[继续(C)] <C>:               //捕捉源对象 M 上的第三点 C
指定目标平面和方向...
指定第一个目标点:                           //捕捉目标对象 N 上的第一点 D
指定第二个目标点或[退出(X)] <X>:           //捕捉目标对象 N 上的第二点 E
指定第三个目标点或[退出(X)] <X>:           //捕捉目标对象 N 上的第三点 F
```

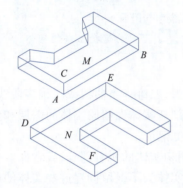

图 11.55 三维对齐

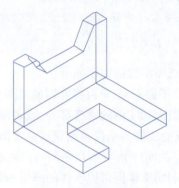

图 11.56 对齐后效果

6. 三维倒圆角和倒角

FILLET 和 CHAMFER 命令可以对二维对象倒圆角及倒角,它们的用法已在前面已介绍过。对于三维实体,同样可用这两个命令创建圆角和倒角,但此时的操作方式与二维绘图时略有不同。

命令启用方式:

1) 倒圆角

(1)功能区:单击"常用"选项卡"修改"面板中的"圆角"按钮。

(2)菜单栏:选择"修改"→"圆角"命令。

(3)命令行:在命令行中输入 FILLET(简写为 F)。

2) 倒角

(1)功能区:单击"常用"工具栏"修改"面板中的"倒角"按钮。

(2)菜单栏:选择"修改"→"倒角"命令。

(3)命令行:在命令行中输入 CHAMFER(简写为 CHA)。

7. 剖切

功能:用平面或曲面剖切实体。

命令启用方式:

(1)功能区:单击"常用"选项卡"实体编辑"面板中的"剖切" 。
(2)菜单栏:选择"修改"→"三维操作"→"剖切"命令。
(3)命令行:在命令行中输入 SLICE。

【案例 11-7】在三维空间应用 SLICE 命令。

打开素材文件"dwg\Ch11\11-3.dwg",如图 11.57 所示。用 SLICE 命令剖切三维对象,结果如图 11.58 所示。

```
命令:SLICE
选择要剖切的对象:找到1个                    //选择对象
选择要剖切的对象:                          //按【Enter】键
指定 切面 的起点或[平面对象(O)/曲面(S)/Z 轴(Z)/视图(V)/XY(XY)/YZ(YZ)/ZX
(ZX)/三点(3)]<三点>:ZX
指定 ZX 平面上的点 <0,0,0>:                //指定点
在所需的侧面上指定点或[保留两个侧面(B)] <保留两个侧面>:
                                        //选择生成的实体
```

各选项参数的说明如下:

(1)平面对象(O):将剪切面与圆、椭圆、圆弧、椭圆弧、二维样条曲线或二维多段线对齐。可以保留剖切实体的所有部分,或者保留指定的部分。剖切实体保留原实体的图层和颜色特性,生成的实体为不保留创建这些实体的原始形式的历史记录。

(2)曲面(S):将剪切平面与曲面对齐。可以保留剖切实体的所有部分,或者保留指定的部分。剖切实体保留原实体的图层和颜色特性,生成的实体为不保留创建这些实体的原始形式的历史记录。注意不能选择使用 EDGESURF、REVSURF、RULESURF 和 TABSURF 命令创建的网格。

图 11.57 三维剖切

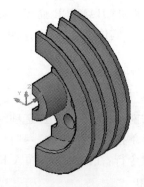

图 11.58 剖切后效果

(3)Z 轴(Z):通过平面上指定一点和在平面的 z 轴(法向)上指定另一点来定义剪切平面。可以保留剖切实体的所有部分,或者保留指定的部分。剖切实体保留原实体的图层和颜色特性。

(4)视图(V):将剪切平面与当前视口的视图平面对齐。指定一点定义剪切平面的位置。

可以保留剖切实体的所有部分,也可以只保留指定的部分。剖切实体保留原实体的图层和颜色特性。

(5)XY:将剪切平面与当前用户坐标系(UCS)的 xy 平面对齐。指定一点定义剪切平面的位置。可以保留剖切实体的所有部分,或者保留指定的部分。剖切实体保留原实体的图层和颜色特性。

(6)YZ:将剪切平面与当前 UCS 的 yz 平面对齐。指定一点定义剪切平面的位置。可以保留剖切实体的所有部分,或者保留指定的部分。剖切实体保留原实体的图层和颜色特性。

(7)ZX:将剪切平面与当前 UCS 的 zx 平面对齐。指定一点定义剪切平面的位置。可以保留剖切实体的所有部分,或者保留指定的部分。剖切实体保留原实体的图层和颜色特性。

(8)三点:用三点定义剪切平面。可以保留剖切实体的所有部分,或者保留指定的部分。剖切实体保留原实体的图层和颜色特性。

(9)保留两个侧面(B):剖切实体的两侧均保留。把单个实体剖切为两块,从而在平面的两边各创建一个实体。对于每个选定的实体,SLICE 绝不会创建超过两个新复合实体。

8. 压印

压印(Imprint)可以把圆、直线、多段线、样条曲线、面域、实心体等对象压印到三维实体上,使其成为实体的一部分。用户必须使被压印的几何对象在实体表面内或与实体表面相交,压印操作才能成功。压印时,AutoCAD 将创建新的表面,该表面以被压印的几何图形及实体的棱边作为边界,用户可以对生成的新面进行拉伸、复制及锥化等操作。

命令启用方式:

(1)功能区:单击"常用"选项卡"实体编辑"面板中的"压印"按钮。
(2)菜单栏:选择"修改"→"实体编辑"→"压印边"命令。
(3)命令行:在命令行中输入 IMPRINT。

【案例 11-8】如图 11.59 所示,将圆压印在实体上,并将新生成的面向上拉伸。
(1)打开素材文件"dwg\Ch11\11-4.dwg",如图 11.59(a)所示。
(2)启用"压印"命令,提示如下:

```
命令:IMPRINT
选择三维实体:                      //选择实体模型,如图 11.59(a)所示
选择要压印的对象:                  //选择圆
是否删除源对象[是(Y)/否(N)] <N>:Y  //删除圆
选择要压印的对象:                  //按【Enter】键结束,结果如图 11.59(b)所示
```

(3)启用"拉伸面"命令,主要提示如下:

```
选择面或[放弃(U)/删除(R)]:找到一个面。        //选择压印后的表面
选择面或[放弃(U)/删除(R)/全部(ALL)]:         //按【Enter】键
指定拉伸高度或[路径(P)]:500                  //输入拉伸高度
指定拉伸的倾斜角度 <0>:                      //按【Enter】键结束,结果如图 11.59(c)所示
```

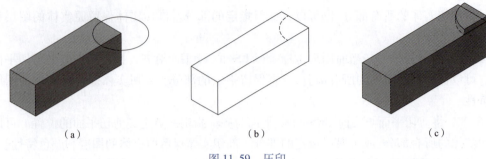

图 11.59　压印

提示：将对象压印到选定的实体上。为了使压印操作成功，被压印的对象必须与选定对象的一个或多个面相交。"压印"选项仅限于以下对象：圆弧、圆、直线、二维和三维多段线、椭圆、样条曲线、面域、体和三维实体。

项目总结

本项目向读者介绍了三维绘图基础、绘制三维点和线、绘制三维曲面、绘制基本实体、通过二维图形创建三维图形及三维操作等内容。通过本项目的学习与典型实例的练习，读者可掌握各种三维实体的绘制命令和操作方法，并能够绘制出一幅精美的产品三维效果图。

项目实训

实训任务一　绘制图 11.60 所示组合体的实体模型。

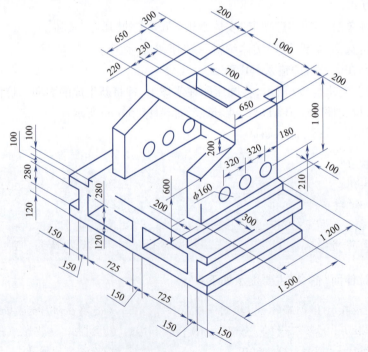

图 11.60　组合体的实体模型

操作步骤:
(1)绘制图 11.61 所示二维图形,然后创建面域,并差集。
(2)将差集后的二维图形进行拉伸,拉伸高度为 1 500,效果如图 11.62 所示。

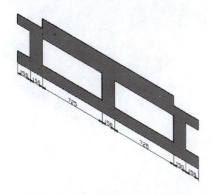

图 11.61　面域差集后的二维图形

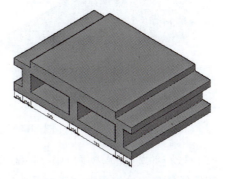

图 11.62　组合体的实体模型

(3)调整 UCS,绘制图 11.63 所示二维图形,并进行拉伸。
(4)将拉伸后的图形利用移动、复制命令置于相应位置,效果如图 11.64 所示。

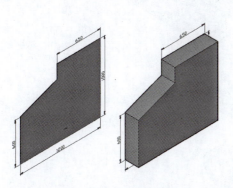

图 11.63　绘制二维图形并拉伸

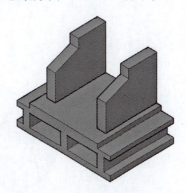

图 11.64　移动、复制

(5)绘制如图 11.65 所示圆,并拉伸高度为 1 600,然后进行并集。

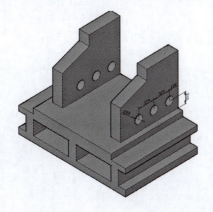

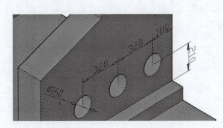

图 11.65　绘制二维图形并拉伸

(6) 调整 UCS,绘制图 11.66 所示二维图形,并创建面域,差集、拉伸。

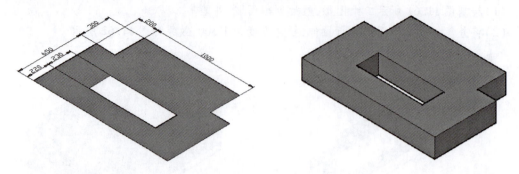

图 11.66　绘制二维图形并拉伸

(7) 移动、并集,完成效果如图 11.60 所示。

实训任务二　绘制图 11.67 所示的三维弯管模型。

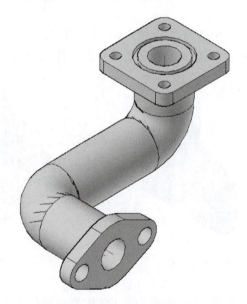

图 11.67　三维弯管模型

操作步骤:

(1) 用 LINE 命令绘制直线,如图 11.68 所示。

```
命令:LINE
指定第一点:0,0,0
指定下一点或[放弃(U)]:0,46,0
指定下一点或[放弃(U)]:75,46,0
指定下一点或[闭合(C)/放弃(U)]:75,46,36
指定下一点或[闭合(C)/放弃(U)]:
```

(2) 倒圆角,圆角半径为 15,如图 11.69 所示。

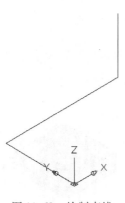
图 11.68　绘制直线

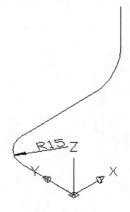
图 11.69　圆角

(3)启用多段线命令,将已画图形描成两段多段线(紫色和红色),如图 11.70 所示。
(4)在如图 11.71 所示位置绘制两个圆,并将它们创建成面域、进行差集运算。

图 11.70　绘制多段线

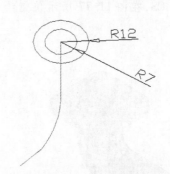
图 11.71　绘制圆、面域、差集

(5)启用"拉伸"命令,将图 11.71 中的面域沿路径拉伸,拉伸后效果如图 11.72 所示。
(6)启用"拉伸面"命令,将图 11.72 中的弯管横截面,沿路径拉伸,效果如图 11.73 所示。

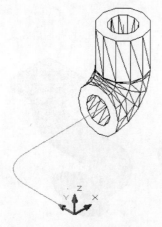
图 11.72　拉伸面域后效果

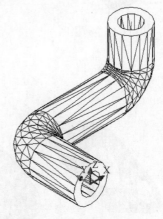
图 11.73　拉伸面后效果

(7) 转换视图为西南等轴测,在如图 11.74 所示位置绘制图示二维图形。

(8) 将上面的二维图形创建面域,进行差集,并按图 11.75 所示进行拉伸。

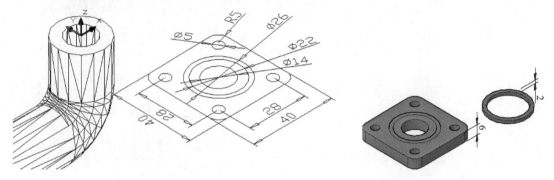

图 11.74　拉伸面域后效果　　　　　　图 11.75　拉伸面后效果

(9) 移动实体,将其对齐到相应位置,并进行差集,效果如图 11.76 所示。

(10) 调整 UCS,在图 11.77 所示位置绘制二维图形,并进行拉伸,高度为 6,如图 11.78 所示。

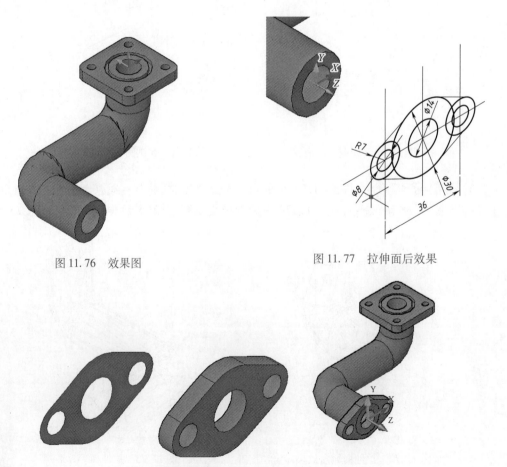

图 11.76　效果图　　　　　　图 11.77　拉伸面后效果

图 11.78　效果图

(11) 对所有对象进行并集运算,效果如图 11.67 所示。

项目拓展

拓展任务一 绘制图 11.79 所示支承架的实体模型。

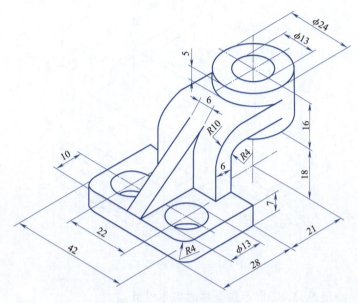

图 11.79 支承架实体模型

拓展任务二 绘制图 11.80 所示组合体的实体模型。

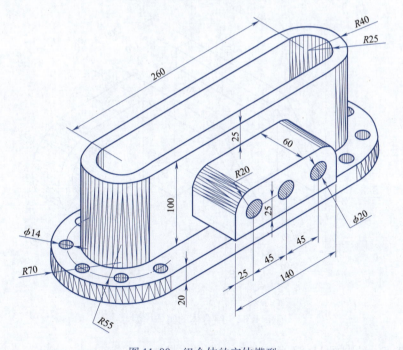

图 11.80 组合体的实体模型

拓展任务三 绘制图 11.81 所示组合体的实体模型。

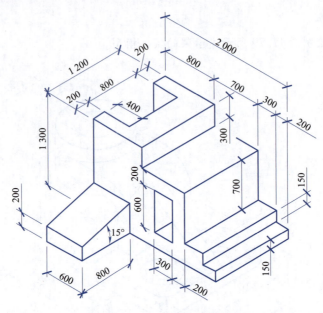

图 11.81 组合体的实体模型

拓展任务四 绘制图 11.82 所示组合体的实体模型。

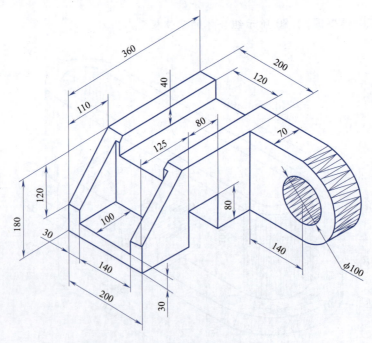

图 11.82 组合体的实体模型

拓展任务五 绘制图 11.83 所示组合体的实体模型。

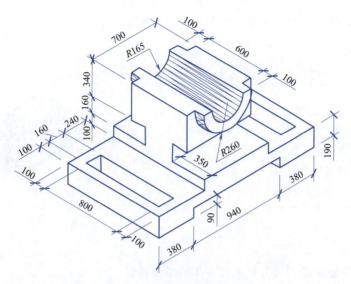

图 11.83 组合体的实体模型

拓展任务六 绘制图 11.84 所示烟灰缸。

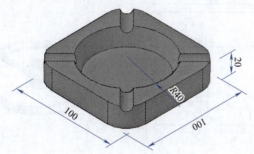

图 11.84 效果图

拓展任务七 绘制图 11.85 所示组合体的实体模型。

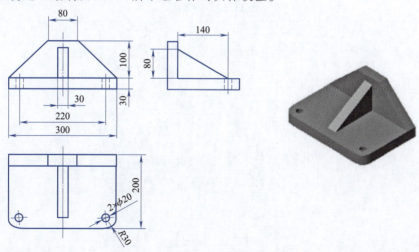

图 11.85 效果图

拓展任务八 绘制图 11.86 所示组合体的实体模型。

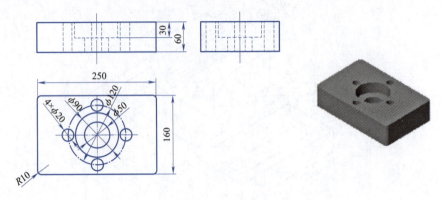

图 11.86　效果图

拓展任务九 绘制图 11.87 所示组合体的实体模型。

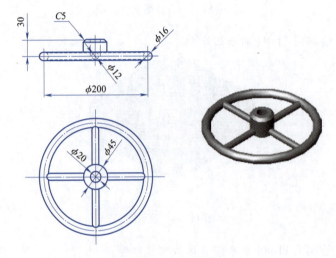

图 11.87　效果图

项目十二 观察与渲染三维图形

通过学习本项目,你将了解到:
(1)如何使用三维导航工具。
(2)如何使用相机定义三维视图。
(3)漫游和飞行。
(4)渲染对象。

项目说明

在三维中绘图时,用户经常想要显示不同的视图以便能够在图形中以不同的角度和方向查看和验证三维效果。AutoCAD 为用户提供了多种三维观察工具,使用这些三维观察和导航工具,可以在图形中导航、为指定视图设置相机以及创建动画以便与其他人共享设计。用户还可以围绕三维模型进行动态观察、回旋、漫游和飞行,设置相机等。

项目准备

在 AutoCAD 三维建模空间中,为了创建和编辑三维图形各部分的特征,需要不断地调整显示方式和视图位置,以便更好地观察三维模型。

任务一 使用三维动态器观察对象

使用 3DFORBIT(三维动态观察器)可以实时设置视点,以便动态观察图形对象。
启动该命令的常用方法有以下三种:
(1)功能区:单击"视图"选项卡"导航"面板中的"动态观察"按钮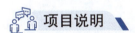。
(2)菜单栏:选择"视图"→"动态观察"→"自由动态观察"命令,如图 12.1 所示。
(3)命令行:在命令行中输入 3DFORBIT。
使用此命令时,将激活交互式的动态视图,用户通过单击并拖动鼠标的方法来改变观察方向,从而能够非常方便地获得不同方向的三维视图。可以选择观察全部或模型中的一部分对象,AutoCAD 围绕待观察的对象形成一个辅助圆,该圆被 4 个小圆分成 4 等份,如图 12.2 所示。辅助圆的圆心是观察目标点,当用户按住鼠标左键拖动鼠标指针时,待观察的对象(即目标点)静止不动,而视点绕着三维对象旋转,显示结果是视图在不断地转动,当把鼠标指针指向辅助圆中各圆心,鼠标指针的形状也将发生变化。
鼠标指针的形状有如下几种,如图 12.3 所示。
(1)球形指针:鼠标指针位于辅助圆内变为图 12.3(a)所示形状,可假想一个球体将目标对象包裹起来,此时按住鼠标左键拖动,将使球体沿鼠标指针拖动的方向旋转,模型视图也随之旋转。

图 12.1　三维动态观察命令启用方式

图 12.2　自由动态观察

(2)圆形指针:移动鼠标指针到辅助圆外时变为图 12.3(b)所示形状,按住鼠标左键将鼠标指针沿辅助圆拖动,将使三维视图旋转,旋转轴垂直于屏幕并通过辅助圆圆心。

(3)水平椭圆形指针:当把鼠标指针移动到左、右小圆的位置时变为图 12.3(c)所示形状,此时按住鼠标左键拖动鼠标指针,将使视图绕着一个铅垂轴线转动,此旋转轴线经过辅助圆心。

(4)竖直椭圆形指针:当把鼠标指针移动到上、下小圆的位置时变为图 12.3(d)所示形状,此时按住鼠标左键拖动鼠标指针,将使视图绕着一个水平轴线转动,此旋转轴线经过辅助圆心。

　(a)球形指针　　　　(b)圆形指针　　　(c)水平椭圆形指针　　(d)竖直椭圆形指针

图 12.3　动态观察器中的鼠标指针形状

任务二　使用相机定义三维视图

在图形中,可以通过放置相机来定义三维视图;可以打开或关闭相机并使用夹点来编辑相机的位置、目标或焦距;可以通过位置坐标、目标坐标和视野/焦距(用于确定倍率或缩放比例)定义相机。

启动该命令的常用方法有以下三种:

(1)菜单栏:单击"菜单浏览器"按钮,选择"视图"→"创建相机"命令,如图 12.4 所示。

(2)工具栏:单击"视图"工具栏中的"创建相机"按钮 。

(3)命令行:在命令行中输入 camera。

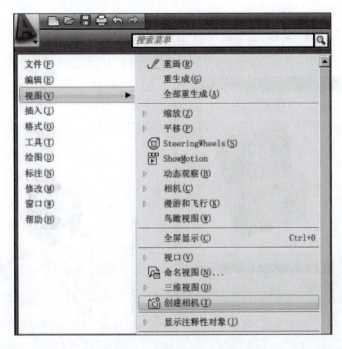

图 12.4 "创建相机"命令

执行"创建相机"命令后,光标上面会附带相机的图标,将该图标移动到指定位置,然后可用鼠标调整相机的焦距,如图 12.5 所示。

命令:CAMERA
当前相机设置:高度=0.0000 焦距=50.0000 毫米
指定相机位置:
指定目标位置:
输入选项[?/名称(N)/位置(LO)/高度(H)/坐标(T)/镜头(LE)/剪裁(C)/视图(V)/退出(X)]<退出>:X

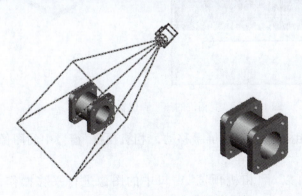

图 12.5 相机的图标

如果预览相机中的图像,可以单击"相机"图标,弹出"相机预览"对话框,在其中可预览捕捉到的图像,如图12.6所示。

选中相机符号,可以发现它的延伸线上面出现三个蓝色夹点和五个蓝色的箭头,如图12.7所示。

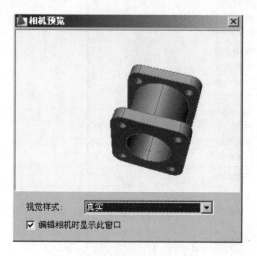
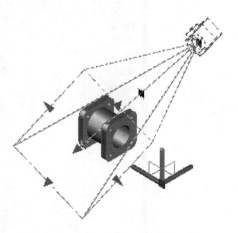

图12.6 "相机预览"对话框　　　　图12.7 相机延伸线上的夹点和箭头

单击相机上面的夹点,拖动鼠标可以改变相机的焦距和位置,"相机预览"窗口中的图像也会随之缩放或翻转,如图12.8所示。

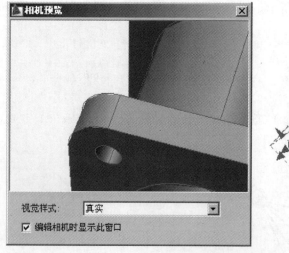
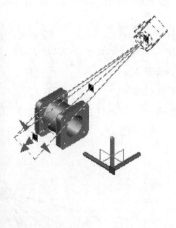

图12.8 改变相机的焦距和位置

单击中间的夹点可以使相机平行于 xy 屏幕移动,"相机预览"窗口中的图像也会随之平移或者缩放,如图12.9所示。

单击光线末端的夹点,可以对"相机预览"窗口中的图像进行平移操作,如图12.10所示。

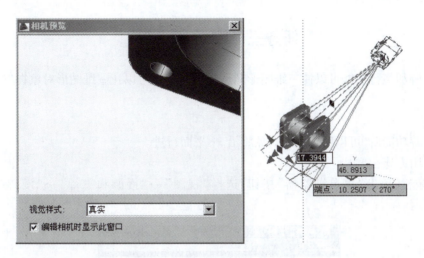

图 12.9　相机平行于 xy 屏幕移动

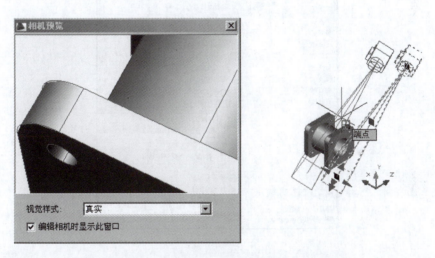

图 12.10　对"相机预览"窗口中的图像进行平移操作

选中蓝色的箭头,可以改变相机的焦距,其位置不发生变化,如图 12.11 所示。

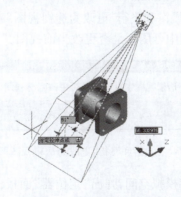

图 12.11　改变相机的焦距

任务三 漫游和飞行

利用漫游和飞行功能可以使三维图形动态显示。用户可以让三维图形对象在三维空间中漫游和飞行。

1. 漫游

启用漫游功能后,可以发现图形对象将沿 xy 平面行进。

命令启用方式:

(1)菜单栏:单击"菜单浏览器"按钮,选择"视图"→"漫游和飞行"→"漫游"命令,如图 12.12 所示。

图 12.12 "漫游"命令

(2)工具栏:单击"漫游和飞行"工具栏中的"漫游"按钮 。

(3)命令行:在命令行中输入 3dwalk。

执行"漫游"命令后,弹出"漫游和飞行-更改为透视视图"对话框,如图 12.13 所示。提示用户"漫游和飞行仅在透视视图中可用。是否更改当前视图?"。

图 12.13 "漫游和飞行-更改为透视视图"对话框

单击"修改"按钮,进入漫游模拟空间,弹出"定位器"面板,并且在绘图区域的图形对象上会出现一个绿色的十字定位器光标,如图 12.14 所示。

用户可以根据实际情况进行操作,操作时可以发现"定位器"面板中的预览窗口也会发生变化。

在"定位器"选项板的预览窗口中调整视角。把鼠标移动到预览窗口中的指示器上(一个红色的点),当鼠标变成小手形状时,单击将其拖动到新的位置即可,如图 12.15 所示。将小手形状放在三角形区域内,然后拖动鼠标移动三角形区域即可改变焦距大小。

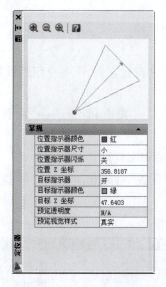 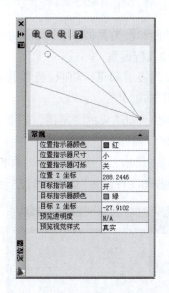

图 12.14　"定位器"面板　　　　图 12.15　设置参数后的"定位器"面板

2. 飞行

命令启用方式:

(1)菜单栏:单击"菜单浏览器"按钮,选择"视图"→"漫游和飞行"→"飞行"命令,如图 12.16 所示。

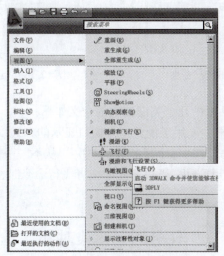

图 12.16　飞行

(2)工具栏:单击"漫游和飞行"工具栏中的"飞行"按钮。
(3)命令行:在命令行中输入 3dfly。

```
命令:*取消*
命令:3DFLY
按【Esc】或【Enter】键退出,或者右击后弹出快捷菜单
```

飞行的功能和漫游类似,用户可以仿照漫游功能操作。

3. 漫游和飞行设置

学会了使用漫游和飞行功能,当然也要知道如何来设置它们,下面介绍其设置方法。
命令启用方式:

(1)菜单栏:单击"菜单浏览器"按钮,选择"视图"→"漫游和飞行"→"漫游和飞行设置"命令,如图 12.17 所示。

(2)工具栏:单击"漫游和飞行"工具栏中的"漫游和飞行设置"按钮。

执行"漫游和飞行设置"命令,弹出"漫游和飞行设置"对话框,如图 12.18 所示。

图 12.17 "漫游和飞行设置"命令

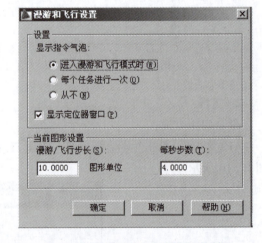

图 12.18 "漫游和飞行设置"对话框

"漫游和飞行设置"对话框中几个关键选项的含义如下:

显示指令气泡:该组合框主要用于设置指令窗口显示的方式以及是否显示定位器窗口,主要包括"进入漫游和飞行模式时""每个任务进行一次""从不"三种方式。

选中"显示定位器窗口"复选框,当执行漫游或者飞行命令时,绘图窗口中则会显示"定位器"面板。

任务四 渲染对象

渲染是一种通用渲染器,它可以生成真实准确的模拟光照效果,包括光线的跟踪、反射、折

射及全局的照明等,其功能用于创建三维线框或实体模型的照片及真实感着色图像。

命令启用方式:

(1)菜单栏:单击"菜单浏览器"按钮,选择"视图"→"渲染"→"渲染"命令,如图12.19所示。

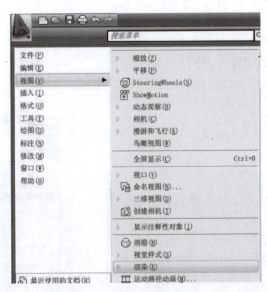

图 12.19 "渲染"命令

(2)工具栏:单击"渲染"工具栏中的"渲染"按钮 。
(3)命令行:在命令行中输入 RENDER。

执行"渲染"命令,打开"渲染"窗口,如图12.20所示。

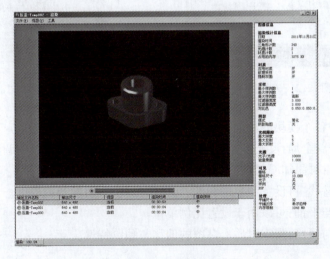

图 12.20 "渲染"窗口

图像渲染以后,窗口右侧会出现相关的数据信息,包括时间、材质计数、光源计数、采样例数、过滤器的高度与宽度以及阴影模式等。

1. 设置材质

材质详细描述了对象如何反射或透射灯光,可使场景更加具有真实感。

命令启用方式:

(1)菜单栏:单击"菜单浏览器"按钮,选择"视图"→"渲染"→"材质"命令,如图 12.21 所示。

(2)工具栏:单击"渲染"工具栏中的"材质"按钮。

(3)命令行:在命令行中输入 MATERIALS。

执行"材质"命令,打开"材质"面板,如图 12.22 所示。

图 12.21 "材质"命令

图 12.22 "材质"面板

"材质"面板中各个模块的功能如下:

(1)材质编辑器-全局:反光度、不透明度、折射率、半透明度等参数的调整。

(2)贴图-全局:可添加漫射贴图、不透明贴图、凸凹贴图等类型。

(3)高级光源替代:可设置颜色饱和度、间接凹凸度、反射度及透射度。

(4)材质缩放与平铺:可以用于设置比例单位。

(5)材质偏移与预览:指定材质上贴图的偏移与预览特性。

2. 设置光源

AutoCAD 提供了三种光源单位:标准(常规)、国际(国际标准)和美制。标准(常规)光源流程相当于 AutoCAD 2010 之前版本中的 AutoCAD 的光源流程。AutoCAD 2010 默认光源流程是基于国际(国际标准)光源单位的光度控制流程。此选项将产生真实准确的光源。

命令启用方式:

(1)菜单栏:单击"菜单浏览器"按钮,选择"视图"→"渲染"→"光源"命令,如图12.23所示。

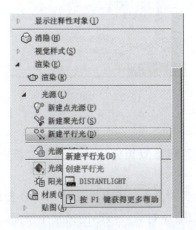

图 12.23 "光源"命令

(2)工具栏:单击"渲染"工具栏中的"光源"按钮。
(3)命令行:在命令行中输入 POINTLIGHT。

执行"光源"命令后,软件提供以下光源类型和参数。

(1)新建点光源:点光源从其所在位置向四周发射光线。点光源不以一个对象为目标。使用点光源以达到基本的照明效果。

(2)新建聚光灯:聚光灯(如闪光灯、剧场中的跟踪聚光灯或前灯)分布投射一个聚焦光束。聚光灯发射定向锥形光。可以控制光源的方向和圆锥体的尺寸。像点光源一样,聚光灯也可以手动设置为强度随距离衰减。但是,聚光灯的强度始终还是根据相对于聚光灯的目标矢量的角度衰减。此衰减由聚光灯的聚光角度和照角角度控制。聚光灯可用于亮显模型中的特定特征和区域。

(3)新建平行光:平行光仅向一个方向发射统一的平行光光线。可以在视口中的任意位置指定 FROM 点和 TO 点,以定义光线的方向。

3. 设置贴图

将贴图频道和贴图类型添加到材质后,用户可以通过修改相关的贴图特性优化材质。可以使用贴图控件调整贴图的特性。

命令启用方式:

(1)菜单栏:单击"菜单浏览器"按钮,选择"视图"→"渲染"→"贴图"命令,如图12.24所示。

(2)命令行:在命令行中输入 MATERIALMAP。

命令:MATERIALMAP

选择选项[长方体(B)/平面(P)/球面(S)/柱面(C)/复制贴图至(Y)/重置贴图(R)] <长方体>:

图12.24 "贴图"命令

四种贴图方式的解释如下:

(1)长方体(B):将图像映射到类似长方体的实体上。该图像将在对象的每个面上重复使用。

(2)平面(P):将图像映射到对象上,就像将其从幻灯片投影器投影到二维曲面上一样。图像不会失真,只是会被缩放以适应对象。该贴图最常用于面。

(3)球面(S):将图像映射到圆柱形对象上,水平边将一起弯曲,但顶边和底边不会弯曲。图像的高度将沿圆柱体的轴进行缩放。

(4)柱面(C):在水平和垂直两个方向上同时使图像弯曲。纹理贴图的顶边在球体的"北极"压缩为一个点;同样,底边在"南极"压缩为一个点。

4. 渲染环境

命令启用方式:

(1)菜单栏:单击"菜单浏览器"按钮,选择"视图"→"渲染"→"渲染环境"命令,如图12.25所示。

(2)工具栏:单击"渲染"工具栏中的"渲染环境"按钮。

(3)命令行:在命令行中输入 REDERENVIRONMENT。

执行"渲染环境"命令,弹出"渲染环境"对话框,如图12.26所示。

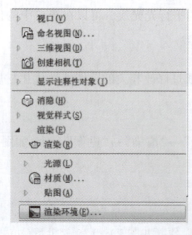

图12.25 "渲染环境"命令

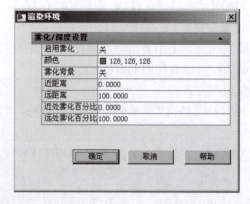

图12.26 "渲染环境"对话框

"渲染环境"对话框中的具体参数如下：
"启用雾化"：雾化的开关。
"颜色"：设置雾化的颜色，通常为浅色。
"雾化背景"：雾化背景的开关。
"近距离"：雾化的起始位置。
"远距离"：雾化的结束位置。
"近处雾化百分比"：设置近处雾化的不透明度。
"远处雾化百分比"：设置远处雾化的深度。

 项目总结

本项目主要介绍了使用三维导航工具、使用相机定义三维视图、漫游和飞行及渲染对象内容，通过学习，读者可正确、清晰地观察三维模型，并能够对三维图形进行渲染，制作一幅精美、逼真的渲染效果图。

 项目实训

实训任务一　使用三维动态观察器观察实体模型。
（1）打开素材文件"dwg\ch12\xt-1.dwg"，如图12.27所示。

图12.27　素材文件

（2）单击"菜单浏览器"按钮，选择"视图"→"动态观察"→"自由动态观察"命令。
（3）在绘图区按下鼠标左键并拖动以对模型进行观察，如图12.28所示。

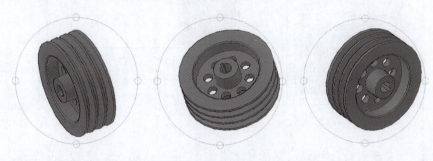

图12.28　使用三维动态观察器观察实体模型

实训任务二 渲染实体模型。

第一步 设置材质:

(1)打开素材文件"dwg\ch12\xt-2.dwg",如图 12.29 所示。

(2)单击"菜单浏览器"按钮,选择"视图"→"渲染"→"材质"命令,如图 12.30 所示。

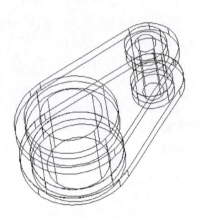

图 12.29 实体模型   图 12.30 "材质"命令

(3)弹出"材质"面板,如图 12.31 所示。

(4)单击"创建新材质"按钮,创建一种新的材质,如图 12.32 所示。

图 12.31 "材质"面板   图 12.32 单击"创建新材质"按钮

(5)弹出"创建新材质"对话框,更改材质名称为"平光油漆",如图 12.33 所示。

(6)选择材质样板为"平光油漆",如图 12.34 所示。

项目十二 观察与渲染三维图形

图 12.33 "创建新材质"对话框

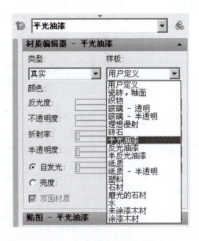

图 12.34 选择材质样板

(7)在"贴图-平光油漆"卷展栏中选择贴图类型为"渐变延伸",如图 12.35 所示。

(8)单击"将材质应用到对象"按钮,把新建的材质赋予场景中的对象,如图 12.36 所示。

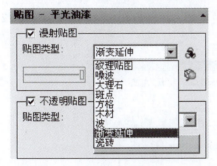

图 12.35 贴图类型

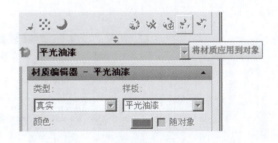

图 12.36 将材质应用到对象

(9)在绘图区域单击要赋予的对象并按【Enter】确认,如图 12.37 所示。

(10)单击"菜单浏览器"按钮,选择"视图"→"渲染"→"渲染"命令,渲染结果如图 12.38 所示。

图 12.37 效果

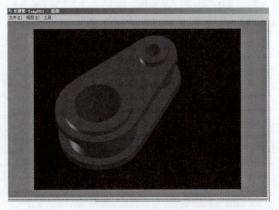

图 12.38 渲染结果

第二步　设置光源：
(1)单击"菜单浏览器"按钮,选择"视图"→"渲染"→"光源"命令,如图12.39所示。
(2)选择"新建平行光"命令,如图12.40所示。

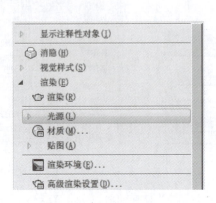

图12.39　设置光源

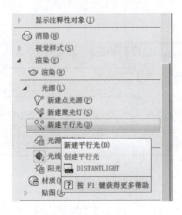

图12.40　新建平行光

(3)弹出"光源-视口光源模式"对话框,单击"关闭默认光源(建议)"选项,如图12.41所示。

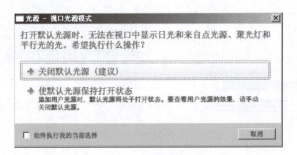

图12.41　关闭默认光源

(4)在视图区域选择摆放平行光的位置,如图12.42所示。
(5)移动光标到图示位置后单击,如图12.43所示。

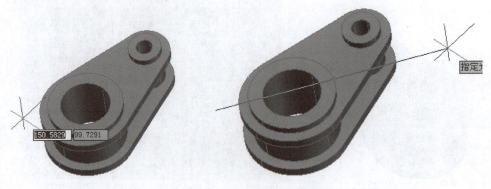

图12.42　效果　　　　　　　　图12.43　移动光标

(6)出现图 12.44 所示的窗口,单击确认。

图 12.44　确认

(7)单击"菜单浏览器"按钮,选择"视图"→"渲染"命令,弹出"渲染"对话框,如图 12.45 所示。

(8)执行命令后渲染效果如图 12.46 所示。

图 12.45　渲染

图 12.46　渲染效果

第三步　设置贴图:

(1)单击"菜单浏览器"按钮,选择"视图"→"渲染"→"贴图"→"平面贴图"命令,如图 12.47 所示。

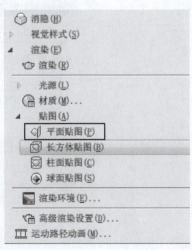

图 12.47　平面贴图

(2) 根据命令行的提示,在绘图区域单击要赋予的对象并按【Enter】键确定,如图 12.48 所示。

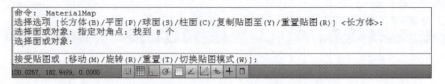

图 12.48　按【Enter】键确定

(3) 执行命令后渲染效果如图 12.49 所示。

图 12.49　效果

第四步　渲染环境:

(1) 单击"菜单浏览器"按钮,选择"视图"→"渲染"→"渲染环境"命令,如图 12.50 所示。

(2) 弹出"渲染环境"对话框,如图 12.51 所示。

图 12.50　渲染环境

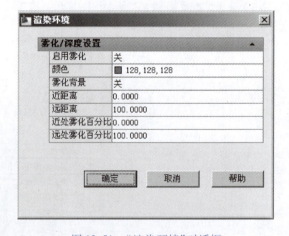

图 12.51　"渲染环境"对话框

(3) 单击"启用雾化"栏,选择"开"选项,如图 12.52 所示。

(4) 单击"颜色"栏,选择"红"选项,如图 12.53 所示。

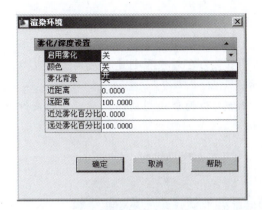

图 12.52 启用雾化

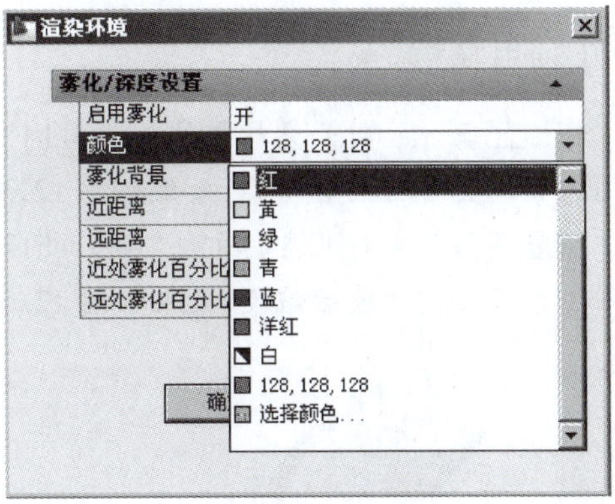

图 12.53 选择颜色

(5) 单击"雾化背景"栏,选择"开"选项,如图 12.54 所示。
(6) 单击"近处雾化百分比"栏,输入 40,如图 12.55 所示。

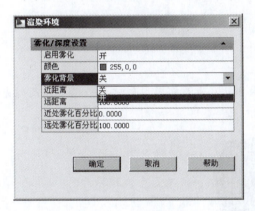

图 12.54 雾化背景

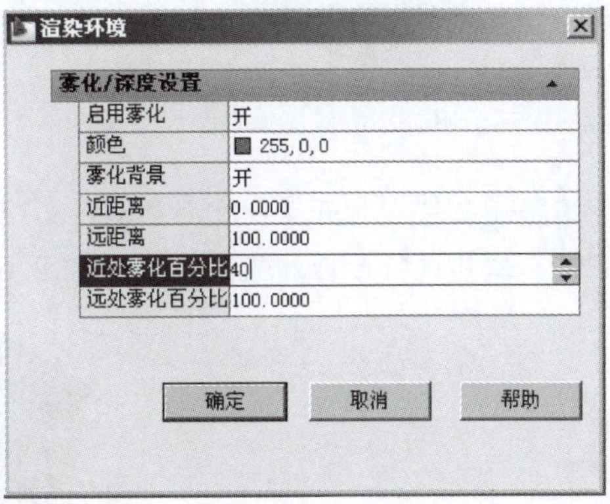

图 12.55 近处雾化百分比

(7) 单击"远处雾化百分比"栏,输入 60。如图 12.56 所示。
(8) 单击"菜单浏览器"按钮,选择"视图"→"渲染"→"渲染"命令,渲染结果如图 12.57 所示。

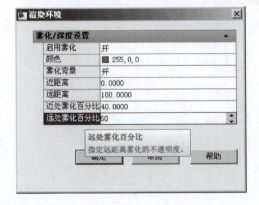
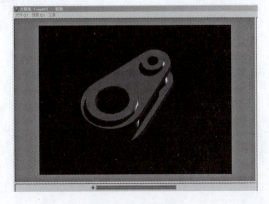

图 12.56 远处雾化百分比

图 12.57 渲染效果图

项目拓展

拓展任务一 打开素材文件"dwg\ch12\xt-2.dwg",为台灯模型创建材质贴图以及灯光,利用渲染工具进行最后渲染,效果如图 12.58 所示。

拓展任务二 打开素材文件"dwg\ch12\xt-3.dwg",为雨伞模型创建材质贴图以及灯光,利用渲染工具进行最后渲染,效果如图 12.59 所示。

图 12.58　台灯效果图　　　　　　图 12.59　雨伞效果图

拓展任务三 打开素材文件"dwg\ch12\xt-4.dwg",为酒杯模型创建材质贴图以及灯光,利用渲染工具进行最后渲染,效果如图 12.60 所示。

图 12.60　酒杯效果图

项目十三 综合练习实例

为满足广大读者参加绘图员考试的需要,安排了一定数量的练习实例,使读者可以在考前对所学 AutoCAD 知识进行综合训练。

【**案例 13-1**】绘制图 13.1 所示几何图案。

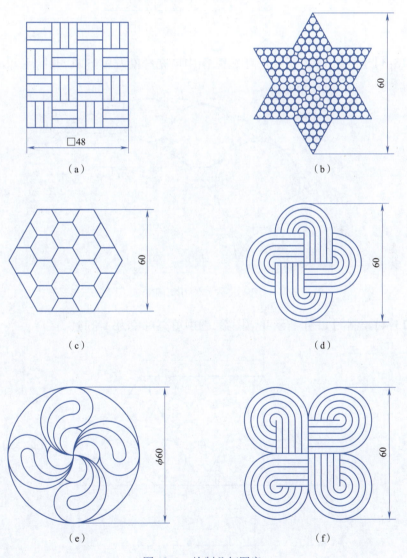

图 13.1 绘制几何图案

【**案例 13-2**】绘制图 13.2 所示几何图案，图中填充对象为 ANSI38。

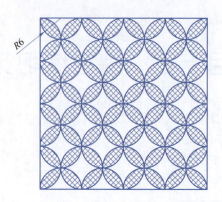

图 13.2　绘制几何图案

【**案例 13-3**】绘制图 13.3 所示几何图案，图中填充对象为 ANSI31，并标注出 R 与 L 的值。

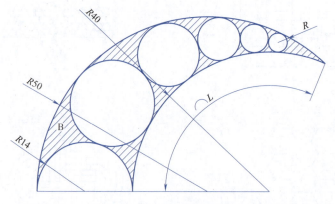

图 13.3　绘制几何图案

【**案例 13-4**】绘制图 13.4 所示几何图案，图中填充对象为 ANSI31。

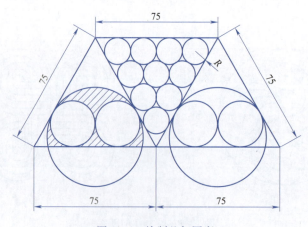

图 13.4　绘制几何图案

【案例 13-5】利用 LINE、CIRCLE、OFFSET、TRIM 等命令绘制图 13.5 所示图形。

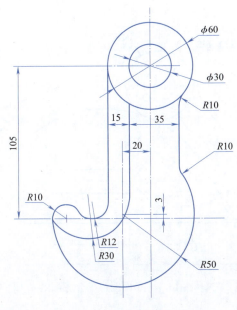

图 13.5　平面图形综合练习

【案例 13-6】利用 LINE、CIRCLE、OFFSET、TRIM 等命令绘制图 13.6 所示图形。

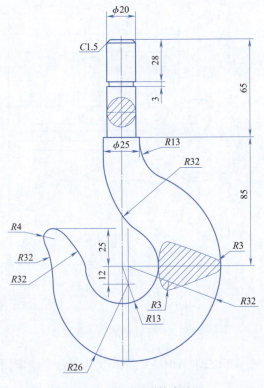

图 13.6　平面图形综合练习

【案例 13-7】利用 LINE、CIRCLE、OFFSET、TRIM 等命令绘制图 13.7 所示图形。

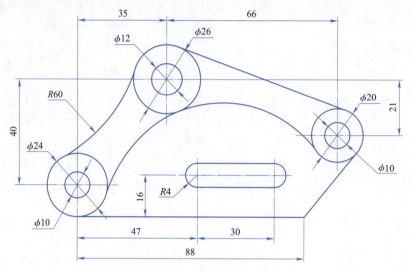

图 13.7　平面图形综合练习

【案例 13-8】利用 LINE、CIRCLE、OFFSET、ARRAY 等命令绘制图 13.8 所示平面图形。

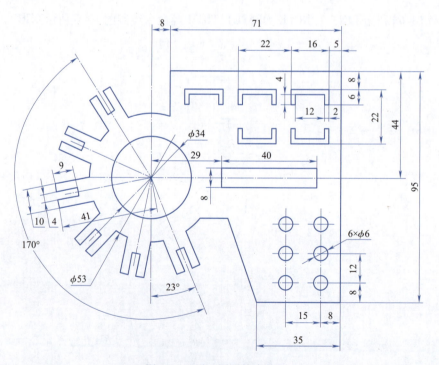

图 13.8　平面图形综合练习

【案例 13-9】利用 LINE、OFFSET、ARRAY、MIRROR 等命令绘制图 13.9 所示平面图形。

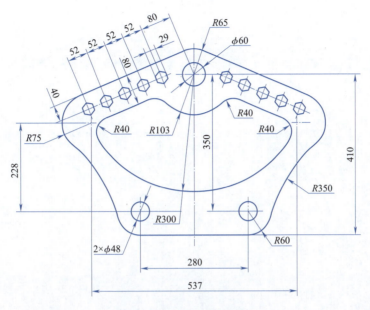

图 13.9　平面图形综合练习

【案例 13-10】利用 LINE、CIRCLE、ROTATE、STRETCH、ALIGN 等命令绘制图 13.10 所示平面图形。

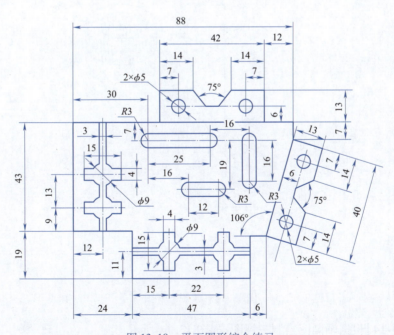

图 13.10　平面图形综合练习

【案例 13-11】根据轴测图绘制三视图,如图 13.11 所示。
【案例 13-12】根据轴测图绘制三视图,如图 13.12 所示。

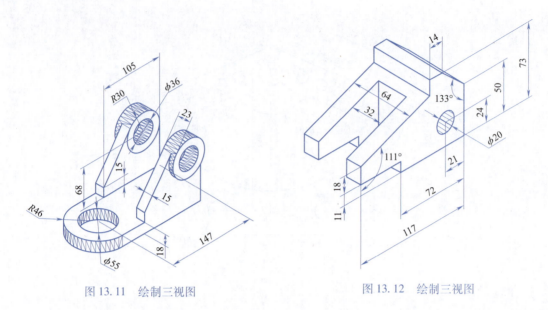

图 13.11 绘制三视图　　　　图 13.12 绘制三视图

【案例 13-13】根据轴测图绘制三视图,如图 13.13 所示。

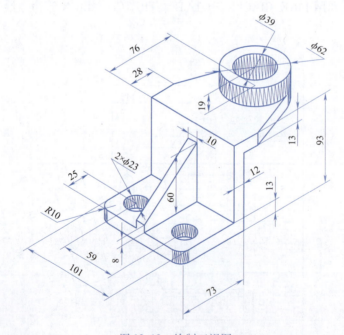

图 13.13 绘制三视图

【案例 13-14】根据轴测图绘制三视图,如图 13.14 所示。
【案例 13-15】根据轴测图绘制三视图,如图 13.15 所示。
【案例 13-16】根据轴测图绘制三视图,如图 13.16 所示。

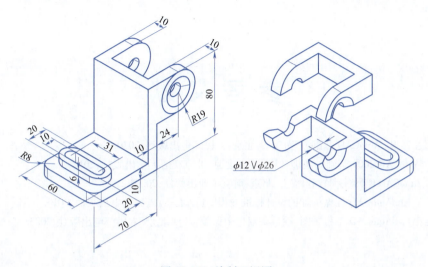

图 13.14 绘制三视图

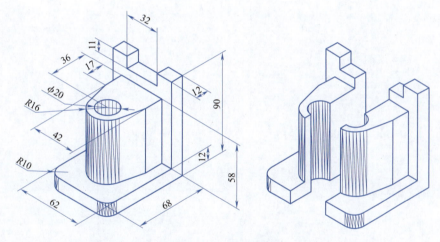

图 13.15 绘制三视图

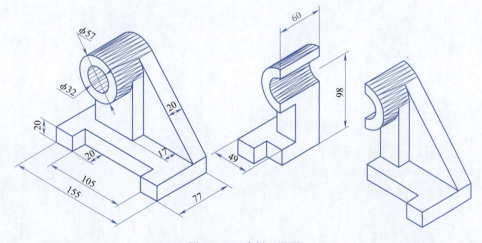

图 13.16 绘制三视图

参 考 文 献

[1] 仝基斌,裴善报. AutoCAD 基础教程[M]. 北京:人民邮电出版社,2020.
[2] 马延霞. AutoCAD 2009 基础与实训教程[M]. 北京:北京交通大学出版社,2012.
[3] 李秀娟. AutoCAD 绘图实训教程[M]. 北京:航空工业出版社,2009.
[4] 姜勇,王玉勤. AutoCAD 计算机辅助设计标准教程[M]. 北京:人民邮电出版社,2016.
[5] 叶红,孔小丹. AutoCAD 工程制图:项目式双色微课版[M]. 北京:人民邮电出版社,2023.